法国家具

——从路易十三风格到装饰艺术风格

Sylvie Chadenet 著

李大鹏 译

上海科学技术出版社

图书在版编目（CIP）数据

法国家具：从路易十三风格到装饰艺术风格 /（法）
西尔维·沙德内（Sylvie Chadenet）著；李大鹏译. —上
海：上海科学技术出版社，2018.7
ISBN 978-7-5478-3997-3

Ⅰ.①法… Ⅱ.①西… ②李… Ⅲ.①家具—历史—法
国 Ⅳ.① TS664-095.65

中国版本图书馆 CIP 数据核字（2018）第 092067 号

Originally published in France: Tous les styles: Du Louis XIII à l'Art déco by
Sylvie Chadenet & Maurice Espérance
© Sofédis, 2014
Current Chinese translation rights arranged through Divas International, Paris
巴黎迪法国际版权代理

上海市版权局著作权合同登记号 图字：09-2016-808 号

法国家具——从路易十三风格到装饰艺术风格
Sylvie Chadenet 著
李大鹏 译

上海世纪出版（集团）有限公司
上 海 科 学 技 术 出 版 社 出版、发行
（上海钦州南路 71 号 邮政编码 200235 www.sstp.cn）
浙江新华印刷技术有限公司印刷
开本 787×1092 1/16 印张 11.75 插页 4
字数 200 千字
2018 年 7 月第 1 版 2018 年 7 月第 1 次印刷
ISBN 978-7-5478-3997-3/TS·222
定价：120.00 元

目　录

20 世纪

词汇表

莨苕饰

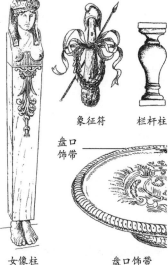

女像柱　　盘口饰带

铭牌饰

象征符　栏杆柱

盘口
饰带

A

阿拉伯卷须饰　卷曲的花和叶，连续
　　且不对称排列。

凹圆线脚　截面为半圆形凹面线脚。

B

包覆　使用纺织面料、涂料覆盖家具
　　或构件的表面。

壁柱　附着的柱形或矮、平的凸起
　　部件，常刻凹槽。锥形壁柱上宽
　　下窄。

边穗　指花边中又短又密的流苏。

C

彩绘　使用油漆等所有不透明的涂
　　料，包括以各类花纹和复杂的绘画
　　涂饰、装饰家具及其部件。

侧挡　封闭式扶手家具的扶手和坐框
　　之间的部位。

齿状饰　长方体，像牙齿一样整齐的
　　间隔等距排列构成齿形线脚，通常
　　在凸出的檐口下方出现。

穿衣镜　大型肖像镜，镜框两侧中心
　　固定的两根支柱及其大基座上，多

可沿中心轴翻转。

窗间镜　两窗或门间带木框的装饰镜；
　　现代指所有壁炉或托架桌上带精美
　　镜框的镜子。

错觉立体画　使用错觉透视技法绘制
　　的立体画。

D

蛋糕棱饰　若干不规则的钻石块组
　　成，由中心向外辐射状排列，形似
　　切开的蛋糕。

底座　下部结构，包括腿、望板或
　　牙板。

地、底　如挂毯的中央母题和边缘之
　　间的装饰区域。

地纹　连续纹样，家具区面上雕刻或
　　镶嵌的四方连续图案。

垫块　垫在桌椅脚下的小方块。

吊旗　垂饰母题，模仿挂流苏的窗
　　幔，其末端为锯齿形或者扇贝形。

E

耳翼　指椅背顶端两侧向前突出的部
　　件，用于撑住头部。用在金属制品
　　和瓷器中意为把手。

多立克柱头　　爱奥尼柱头　　柯林斯柱头

涡卷托架形支柱　　涡卷托架形扶手柱

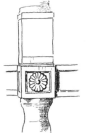 

榫块　　　　　横枨

交织纹　　　　三角楣镜

联瓣纹

F

珐琅　玻璃质，通常带颜色，加热后覆于金属表面。类似的物质用于玻璃器皿上称为釉。

反曲线线脚　由正反两个四分之一圆相连组成的线脚。

方椎柱　形似壁柱，上宽下窄。

扶手柱　座椅扶手的支撑部件 [明式家具称其为鹅脖]*。

G

盖鲁沙　经过特殊工艺处理的鲨鱼皮，用于覆盖箱柜及家具面板等。

莨苕饰　一种风格化的植物的叶，是使用最广泛的装饰母题。

贡多拉椅靠背　圆弧形椅背，两侧向前弯曲作为扶手。

古典的　古代是指古罗马及其以前的历史时期，这个时期所形成风格或造型是谓古典。

怪诞画　组合了涡卷饰、怪兽和人像等元素的古典式装饰图案，名称源于罗马尼禄金殿遗址中相似的壁画。

怪面饰　奇幻的男性、女性或动物的头像。

_____

*方框内为译者注。

H

豪华家具　特指带有细工镶嵌或使用玳瑁、贵重金属和珍惜木材装饰的家具。

黑绘　在陶瓷上装饰黑色纹饰，常对应白地。

黑檀木器师　特指专门从事包括细工镶嵌及各类豪华箱式家具制作的木器大师（17 世纪末期和 18 世纪）。

花箍　桌腿 X 横撑的中心的雕刻件。

环形饰带　银制，环绕在器物的颈部、开口、边缘或者基座上的带状纹饰。也单指盘口外缘。

回纹　希腊波纹或者希腊回纹。

J

交织纹　由交叉缠绕的条带构成的装饰母题。

脚套　家具脚上的金属"鞋"，起保护和装饰作用。

卷帘门　卷筒桌上的卷帘或滑门，由板条粘贴在帆布或者其他织物上制成。

卷头权杖形　用于描述所有与末端卷曲的权杖形状。

卷须饰　由涡卷形枝叶组成的装饰母题。

K

柯默德柜　斗柜、抽屉柜，法文

水叶饰

希腊回纹

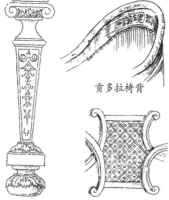

贡多拉椅背

方椎柱　　　　　连续图案

吊旗　　　　　　怪面饰

口沿

口沿　　　　　　面具

玫瑰圆徽饰

"commode"的字面意思是"舒适"或"方便",17世纪末出现。

口沿　瓷器或银器盘子及浅盘的盘心和外口之间的部分。

框架木器师　指专门从事框架类家具和硬木家具制作的家具师(18和19世纪)。

L

栏杆柱　中间鼓起的车镟短柱,构成部分由下向上依次是:基座,逐渐膨胀的鼓肚(梨形),短脖和柱头。

连拱、叠拱　一系列的小拱门形状。

联瓣纹　银器的饰带,一条连续重复排列的垂直或倾斜的圆润凸起。

瘤纹　树节或树瘤在木材上产生的花纹。带有瘤纹的贴面异常珍贵。

鹿腿　带蹄形脚的纤细而轻微弯曲的腿;后期演化为曲线明显的波形弯腿。

落地钟　长箱钟。

M

玫瑰饰　星型或者玫瑰型装饰母题[也译成圆花饰]。

门间柱　两个合页门之间的固定立柱[类似明式家具的闩杆]。

面具　人类面部的正身像,没有夸张的处理。

铭牌饰　形似盾牌饰,圆形或卵形的

中心区域(可空白或题款)周围环绕着精美边框。

母题　表达某一主题的各类图案、纹饰、雕塑和装饰造型。

N

牛面骨　古代装饰母题,形似公牛的头骨。

扭锁饰　由螺旋形扭曲的枝叶、丝带或珠串组成的装饰母题。

女像柱　柱头雕成女像的柱子。

P

牌匾　小型装饰板,多为长方形,装饰于望板两端、边柱柱头,或者榫块表面。

坯体　豪华箱式家具镶嵌或者涂漆之前的箱体或者框架。

Q

签印　从1740年代后期开始,巴黎的木器大师被强制要求使用签印确证其制品。此前,签印也偶有使用,最早的实例出现于1720年代。

签印章　带家具师名字的烙铁。

球茎　洋葱型车镟件。

S

三角楣　檐部上访的三角墙、山形

耳

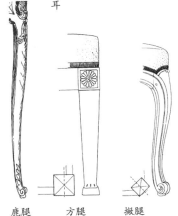

鹿腿　　方腿　　撇腿

棕桐饰　　　外翻圆足

钻石棱饰

蛋糕棱饰

鼠尾饰

墙 [也译作山花，其变体顶端为弧形]。

三垄板 源于多立克式檐壁上的装饰石板，中间有两条纵向沟槽，两边各一条纵向半沟槽形成了三条垄。

三叶饰 一种三叶草形饰，很像纸牌中的草花。

蛇形 指蛇形轮廓，或者弓形。

施芬奈尔桌 三斗小桌，瘦高、长腿、设竖排三个抽屉。

矢车菊 一种蓝色小菊花，是塞夫勒（Sèvres）瓷器和 18 世纪镶嵌工艺中广泛采用的装饰母题。

鼠尾饰 银制餐具功能端背面逐渐变细的棱线浮雕纹样，反方向连接柄端。

双趾蹄 扶手躺椅分开的蹄尖。

水叶饰、莲花饰 一种古典装饰母题，形似细长的月桂树叶并排连续排列；在家具上，这种纹样主要出现在线脚中。

四分凹圆线脚 四分之一圆形的凹圆线脚。

四分凸圆线脚 截面为四分之一圆的凸圆线脚。

四叶草 四个叶片组成的十字纹样。

榫块 连接腿、柱与相邻横梁的方块形连接件，座椅尤为常用。

T

提琴背 指椅背的形状为小提琴形。

凸肚 器物或家具鼓起的部分。

凸圆线脚 截面为半圆形凸面的线脚。

W

外撇足 金器或者瓷器向外撇出的台座或腿。

望板 桌腿或者椅腿附着的横梁 [明式家具叫牙条、牙板]。

无釉陶 未上釉的陶瓷，常无任何装饰。

涡卷饰 螺旋形卷曲，在家具中常见于涡卷托架母题或者各种部件的端头。此外，纹章式涡卷饰指两个垂立的涡卷向相对称。

涡卷托架 Console，S 形曲线的托架装饰。在法国也用于特指椅子扶手的涡卷托架形支撑和大型独立式托架桌 [也译成靠墙桌或边桌]；连壁式托架桌 [也译成壁桌]。

涡卷托檐 支撑檐口的横向小型涡卷托架。

乌银 金属地镶嵌黑色珐琅。

X

膝洞 写字桌两侧的支撑构件之间，望板中央或中央抽屉上升，为使用者膝部留出的空间。

戏猴饰 以模仿人类打扮的猴子构图的装饰母题或绘画，源于远东，贝兰（Berain）及其学生曾经大量使用。

线脚 1）持续的凹、凸面形成的装

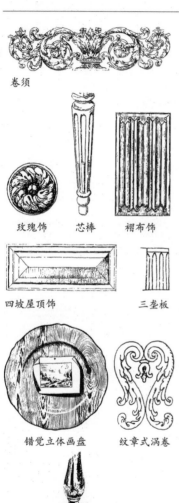

卷须

玫瑰饰　　芯棒　　褶布饰

四坡屋顶饰　　　三垄板

错觉立体画盘　　　纹章式涡卷

三脚架

饰线条，很多线脚造型拥有特定名称：凸圆线脚，凹圆线脚，混面线脚［也译慢形线脚，截面为凸出的弧形］，枭混线脚［即上凹下凸的截面为S形的线脚，也译成表反曲线线脚］，混枭线脚［上凸下凹的反S形线脚，也译成里反曲线线脚］等；2）二方连续纹样形成的带状图案。在金属制品和家具中，每种风格都有其特征线脚。

象征符　常用于18世纪；如棕叶饰象征胜利，武器象征狩猎等。

芯棒　凹槽内嵌的小棍；如果芯棒末端为叶芽，则被称为芦笋或蜡烛。

星期柜　高而窄的斗柜，竖排六至八个抽屉。星期柜的意思是一周中，每天使用一个抽屉。

胸像　通常由女性的头部和胸部构成，下连涡卷托架形、叶形或扇形母题。这个术语特指安装在家具转角上方的青铜件（18世纪）。

胸像基座　上宽下窄的锥形基座，上可放置人物的半身雕像。

修女钟　方形摆钟的箱体上有个圆弧顶，其切面轮廓类似修道院的门廊。

Y

亚光地　银器上未抛光的磨砂或阴影区域。

檐壁　横向饰带。在家具装饰中特指：1）楣板：橱柜檐口和柜门之间的横梁；2）望板：桌子，桌面和桌腿之间的横梁。

檐部　古典柱式柱头之上的部分，由下向上包括额枋、檐壁和檐口。

釉　通过烧制固定在陶瓷上的一种玻璃质涂层。

羽冠床　高床柱末端带有豪华的羽冠装饰的柱头，形似纺纱竿。

圆徽饰　圆形或椭圆形装饰元素，内含一个装饰母题；扩展意思是圆形或椭圆形座椅靠背。

圆柱　包括柱础、柱身和柱头三部分，古典柱式共有五种形制，分别是：多利克、爱奥尼、科林斯、塔司干和复合柱式。

Z

褶布饰　模仿折叠餐巾打褶的雕刻母题。

织毯　使用羊毛、亚麻等材料编织的织物，最初为法国工匠专门为椅子设计的面料，也译为壁挂。

柱身　古典柱式柱头和柱础之间的部分。

棕叶饰　风格化的棕榈叶。

钻石棱饰　钻石块或凸雕的金字塔形状。

佐餐柜　一种柯默德抽屉柜，形似固定在墙边的餐边桌，是现代甜点桌的雏形。

1300～1500

中世纪风格

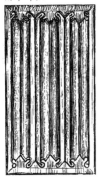

褶布饰板

这个时期的家具也被称为哥特式，真品传世极少（真品昂贵而且脆弱），但是研究它们却非常重要，因为这是后世所有法式家具的祖先，其形式和装饰是家具史上永恒的参考。

中世纪家具的首要特点是形式上的稳定性：其形制和线条从 11 世纪到 15 世纪末几乎没有变化，不过丰富多样的装饰弥补了这种单调。这种现象看似矛盾却容易理解：

● 首先，这个时期的家具反映了当时欧洲社会和经济的整体状况。

● 其次，由于交通工具的落后，这些家具的装饰，包括装饰母题和装饰技术都反映出了地域性的传统特征。

材料。直到 15 世纪末被胡桃木取代之前，橡木几乎是唯一的家具用材。很有可能的是，松木也曾被用于很多基本家具（支架桌、床和长凳）的制作，如果了解这种木材的平庸，就不难理解为什么传世的家具如此罕见。

除了木材外，家具中使用的唯一材料是锻铁，用于铰链、门撑、锁、拉手和软装用的泡钉，这些部件通常露明于表面，有的做工很精细。

装饰。彩绘或雕刻。这个时期的很多家具通体彩绘，面板无论是绘画或雕刻，皆凸出于其多彩的边框。

镶嵌和镶嵌细工技术已经问世，但应用罕见，仅在意大利和西班牙南部出现。家具的正面和侧面采用这种装饰，镶嵌的内容分布在数块镶板内，每块板心表现一个单一母题或者图画。不过这些镶板往往无法做到完美对称，就显得很粗劣。

● 中世纪家具所有装饰主题的设计灵感都来自宗教；

● 装饰母题和建筑造型皆源于哥特式教堂：如玫瑰饰、尖拱、带浮雕卷叶饰的尖塔和交织纹等；

● 描述福音书或者圣徒传奇文献中的场景绘画。

家具

我们主要通过绘画和手抄绘本来了解此时的床。

最常见的床是由高脚木架支撑一个简陋的床垫，并且包覆宽敞的落地床罩。单床头板以雕花或彩绘装饰；华盖固定在上方的天花板上，四周由床帘包围。

座椅在这个时期非常拙朴：

长凳是最常见的座椅形制，以简单的橡木板固定在两到三组支架[倒T形结构的腿]上，部分长凳设与扶手等高的矮靠背，偶有雕花或彩绘。

小长凳或凳的结构为两块竖板支撑一块方形或长方形座板。

三条挖腿[斜腿]支撑的圆凳出现在这个时期。

椅子被认为是地位的象征。有些椅子下方附带由尖拱组成的连廊形台座；而最常见的形制是一个正面装饰丰富的箱子上竖起一个高靠背和两个扶手，靠背为长方形或者带弧线形搭脑[靠背顶部的边缘或横梁位置]，部分靠背向后凹曲。

大衣柜，少数存世的实例包括二或三件叠摞的单柜；每个小柜有两扇合页门，面板或雕刻或彩绘，有时面板开孔以便空气流通；锻铁件非常丰富。

箱柜，中世纪时期的特征性家具，长方形容器下安装四或六个光滑的脚，正面面板装饰丰富，侧板光素。

箱盖由三至四个大铰链固定于背板，锁板装设在正面面板中央的上方，偶见尺寸颇大者。盖面通常平坦而光滑，但是在一些地区（法国阿尔萨斯、德国巴伐利亚和意大利北部）也出产了彩绘、雕花或拱形箱盖的实例。

箱柜

聊天椅

文艺复兴风格

1500 ~ 1610

极似亨利二世餐具柜，文艺复兴时期的大衣柜展示了丰富的雕塑装饰（壁龛、三角楣、壁柱和女像柱），这是当时法式家具的标志性特征。

　　法国的文艺复兴风格与同期的意大利文艺复兴风格并无显著差异，只是其忠实的转译。无论在哪个方面，尽管其仿用了诸多古典的建筑语汇，并融入了很多异教风格的装饰，其特色并不明显。

　　雕塑是装饰的主要形式。法国文艺复兴家具多采用雕刻装饰，而非意大利广为应用的彩绘和镶嵌装饰。

　　餐具柜是最典型的家具形制。法国风格以一个意大利罕见的家具形制获得了地域自豪感：餐具柜，它在19世纪末被称作亨利二世餐具柜，并再次成为时尚。餐具柜体型巨大，由两个箱体叠摞构成［两件式］，顶端饰矮三角楣或檐口，有些底端还有一至两个抽屉。每个箱体有两个满雕合页门，其典型的装饰为镜子、圆徽饰、垂花饰和卷须饰；立柱常采用壁柱或更常见的女像柱。柜脚大多数短而粗，但有些替换为矮基座或台座。

　　这种样式的餐具柜在1860 ~ 1900年之间经常被仿制并批量生产，是历史上遗留下来的最典型的法国文艺复兴式家具。

路易十三风格

1589 ~ 1661

路易十三于 1610 ~ 1643 年在位，但以其名字命名的风格却盛行了更长的时间：从 1589 年亨利三世逝世直至 1661 年路易十四亲政。这是一个不安的时期，色彩斑斓而又充满矛盾：黎塞留（Richelieu）[枢机主教、路易十三时期的法国首相] 励精图治，贵族们却百般阻挠。

这是属于火枪手、笛卡尔的《方法论》、埃尔西德（El Cid）[西班牙民族英雄] 和伽利略的时代，是闪耀的智慧与对生存的渴求共存的年代。

此时的法国正逐渐成为欧洲最强大的国家，但尚未奠定欧洲大陆的基调。恰恰相反，她受到了西班牙人、意大利人、佛兰德人以及来自各方的影响，其时尚的外衣暗淡而羸弱。在饱受宗教战争的蹂躏和社会动荡之后，16 世纪下半叶的法国人极度渴望安定。他们的建筑在巴黎孚日广场（原皇家广场）以及马莱区和圣路易岛的许多联排别墅即始建于这个时期；在外省 [指大巴黎以外的

国外
英格兰：
伊丽莎白风格
意大利：
矫饰主义风格
西班牙：
银匠时代末期

区域]，无数粉红砖墙、高窗修饰的路易十三行宫替换了老旧的建筑。

在室内，迅速出现了许许多多的大房间、普通房间，它们被重新区划为：卧室、门厅、衣帽间和书房等，越发精致、越发细化。相应的，对家具、织毯和软装布艺的需求也在迅速增长，以追逐不断提升的消费品位和奢靡之风。欠缺的是室内设计方面的考虑，从宫殿到民宅，来自全球的各种风格的家具混搭在一起，缺乏风格的统一性。当然，渐渐地，很多独特的样式也开始定型了。家具的制作技术获得了与造型和舒适性同等的关注。越来越多地，发明创造的注意力集中在整体设计和装饰上，不再像 16 世纪那样乏味。

尽管也有很多庞杂无序的摸索，随着日积月累，一个国家的风格慢慢地生成，她排除了外部的干扰，实现了内在的统一。在这个暗流涌动的混沌时期，所有的条件皆已就绪，只差一个强有力的领导者，其广博与和谐即将展露于世。

家具

镟木

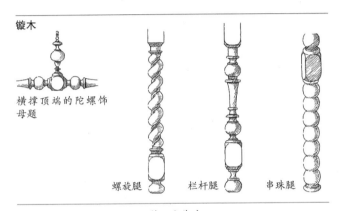

横撑顶端的陀螺饰
母题

螺旋腿　　　栏杆腿　　　串珠腿

线脚

四坡屋顶饰

蛋糕棱饰

钻石棱饰

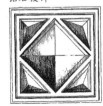

檐口和基座

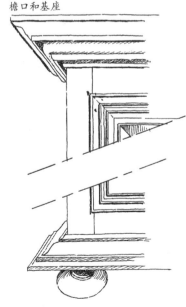

几何形状的外观立意简朴，路易十三式家具以贴面、镟木件和线脚装饰，趋向于模仿建筑形式，其造型拘谨而庞大。

材料和技术。这个时期的主材是橡木、胡桃木、黑檀、梨木和松木。

贴面饰板。黑檀或染色的梨木（用于非豪华家具）为早期的贴面材料，不久就增加了象牙、大理石、彩石和各种金属材料。

镟木部件被广泛使用：表现为遍布椅子、桌子的横枨、箱柜、门柜和大衣柜的装饰柱。

桌、椅的腿部以截面为长方形的木料车镟而成；与裙板和横枨连接的位置不作镟制，而是做成圆角木块。

从左向右旋转的螺旋部件更容易制作，故此比较常见；两侧对称的螺旋腿仅在非常高端的家具中使用。

线脚的使用非常醒目：组构家具的各类部件（门、面板、抽屉）；衬托凸出的檐口和底座，以及在镶板中拼成几何图案等等。

装饰 路易十三时期的装饰偏爱厚、

垂幔饰
由缎带拉起的垂缀，中心母题可表
现为女像、水果或者植物。

铭牌饰
极为常见，此纹样可横可竖。
中心区域凸起，边框为涡卷形
纹饰。

叶饰
通常由两个交叉的棕榈树叶、月桂树
叶与捆扎的丝带组成。

克迈拉兽
上身为女体，末端为涡卷叶饰。

莨苕叶
形式通常为涡卷形叶饰。

爪球

裸童

其他装饰母题　　其他装饰母题在这一时期也有使用，常用的
是玫瑰饰、扇贝壳、联瓣纹、丰饶角、鼓肚
花瓶、雄鹰展翅、卵形、羽毛、狮子头或公
羊头。
木料和石料雕刻师偏爱宏大的整体造型，在
操作时非常谨慎精细，且不造作。

床

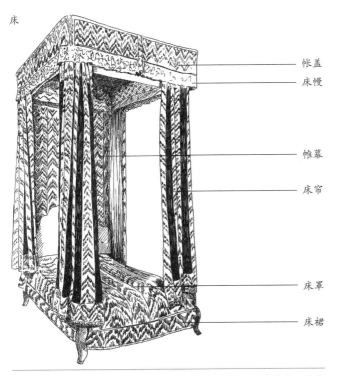

帐盖

床幔

帷幕

床帘

床罩

床裙

一个时代的 见证者	亚伯拉罕·博斯（Abraham Bosse）反映路易十三时期 日常生活的版画是一个珍贵的信息来源，它描绘了当 时典型的室内场景和服饰。
画家	活跃在路易十三时期的最重要的法国画家：尼古拉·普桑（Nicolas Poussin）、路易·勒纳安（Louis Le Nain）、乔治·德拉图尔（Georges de La Tour）、克劳德·热莱（Claude Gellée）又名克洛德·洛兰（Claude Lorrain）、菲利普·德尚佩涅（Philippe de Champaigne）、西蒙·武埃（Simon Vouet）。
木器大师	卢浮宫画廊（在大画廊下面）和高布兰工厂为家具工匠的作坊。尽管我们知道他们的名字：黑檀木器师洛朗·斯塔博（Laurent Stabre）和让·马赛（Jean Macé）、镶刻师皮埃尔·布勒（Pierre Boulle）[夏尔·布勒的叔叔]，但是我们现在已经无法确认他们的个人风格，因为当时的工作都是合作完成的，而且家具上尚未开始使用个人签印。

重、大的母题，缺乏文艺复兴时期的精致和想象力。

聊胜于无，不过在接近路易十四继位的时候，装饰终于修成了华丽的正果。

床

床的轮廓呈立方体形状，体型巨大。因其挂满布艺装饰，所以，床的制作属于软装师的工作而非家具师的工作。

● 没有弹簧，仅为一个木框支撑一个床板，框架完全藏于床裙内；

● 床垫，以稻草填充，床罩包覆；

● 为了隐藏简陋的床柱，床柱的内外都用床帘和幕布等挂饰做了遮挡；

● 顶端的布艺帐盖与床体的尺寸相当，床幔的形式呼应床罩下边的床裙。

桌

腿部结构通常成H形，横枨的中央装饰竖立的花瓶、松果或陀螺。X形横枨出现在路易十三末期，但当时的作品存世极少。

伸拉桌，无装饰的厚台板下方有两个附加桌板，可拉出以扩大整个台面。

方桌或长方桌，相对较小，是最普通的形制。桌面光素，桌沿用四分圆的线脚或半玫瑰饰装饰。抽屉面板以浮雕的菱形或三角形装饰。腿部较细，为镟木式。

落叶桌风靡于这个时期，它娇小长

方桌

落叶桌

方，配有两个折叠桌面。四腿及横枨皆为车镟式。

注：17世纪初，由原木制作的支架桌非常普及。

书桌

柜桌（cabinets à écrire）抽屉桌的桌面上增设一个直立小柜，小柜上装置数个小抽屉。此类家具很稀少，通常带有黑檀镶嵌。

标罗桌两头沉式圆角长方形书桌，两个抽屉箱位于使用者腿部的空间（膝洞）两侧。此为马萨林桌的早期版本，后来发展为部长标罗。

注：标罗（bureau）即法语中的书桌，词根 bure 是指一种蒙在原始书桌上的羊毛粗呢。

大衣柜

大衣柜（高柜）取代了中世纪中期和文艺复兴时期流行的各式箱柜，装饰以线脚为主，鲜用雕塑。正面两侧的转角多是光素的，或者是：

● 挖空转角，在里面镶一个"顶天立地"的分离式蛇形螺旋柱。

● 壁柱。

这个时期的大衣柜通常带有以宽线脚制作的凸出檐口，亦或是中断式三角楣（几无存世）。凸出的基座造型与檐口对应，下面用四个扁球脚或者爪球脚

双门柜

（这种罕见的脚不是镟制的）支撑。

方柜有四个带镶板的小合页门。

直柜只有一个合页门，高而窄，底部有一个抽屉。

双门柜两个门有时并列在一个固定的门间柱两侧，有时其中一个门边做假门间柱，压在另一个门上。

两件柜上下各有一件双门柜。此柜也称餐具柜（buffet），其上部的顶柜可比下部的基柜稍窄。若两件等宽，中间通常设抽屉区格。

座椅

依照路易十三的制式，恰当的座位高度应距离地面刚好不超过 17 英寸（约合 43 厘米），比先前的规范降低了 2 英寸（约合 5 厘米）。这个较矮的新高度是后来长期执行的标准。

软包座椅的填充料为马鬃，面料包括：织毯、天鹅绒、大马士革花缎、软缎、那不勒斯或图尔的锦缎、鎏金或皱纹皮革、鞣制皮革和带匈牙利蕾丝的绣品。

座面材料以饰钉固定，钉帽有时为雏菊构形，沿嵌边的辫带排列。座框和靠背框的底边悬挂排苏［也叫边穗］装饰。

车镟腿（见第 15 页）有很多种形状的脚，最常见的是扁球状脚或块状脚。

高背扶手椅尚未广泛使用。这些椅子有经典的腿形，不露木的长方形靠背和木制扶手。

卢浮宫画廊

为了促进法国民族工业的独立和发展，削减昂贵的进口预算，亨利四世规定外国工匠可以在巴黎定居，住在卢浮宫大画廊下边的工坊中。其中有金器师、钟表师、雕刻师、家具师、织毯师和地毯师，所有这些工匠既可以为宫廷工作，也可以为私人主顾工作而独立于严格的行会体系之外，他们从繁琐的制度中获得了自由。这些工匠享有许多特权，他们可以培养学徒直至其独立开设作坊，到了路易十四时代，他们终于成长为一代技艺超群的大师。

高背扶手椅

讲坛椅

软凳

扶手的细节

注：从 1630 年代开始，椅子扶手开始出现下弯的弧线，扶手末端配权杖式弯头，但在路易十四之前未见使用羊骨腿。

讲坛椅高长于宽。镟木扶手的末端止于一个简单的圆钮，亦或是女性头像、公牛头或狮头，扶手下有镟木支撑。

矮讲坛椅，也称裙撑椅和聊天椅，是无扶手的讲坛椅。

高背椅类似高背扶手椅，但无扶手。

板凳是带有镟木腿和木板座面的凳，部分有带雕花的望板。

猎犬凳高板凳，既可坐，也可当便携桌。

软凳可做成各种高度（8～20 英寸，合 20～51 厘米），用针织织毯蒙面。

午休床，相当罕见，在 1625～1630 年前后出现。床只是名义上的，实际作为椅子使用。设单侧或双侧床头（扶手），有六或八条腿以横枨相联，横枨及其椅腿皆为镟木式的。

路易十三还是路易十四？	与比较普遍的理解相反，羊骨腿（pieds à os de mouton）直到路易十四时期才出现。著名的家具史专家德费利斯（de Félice）和雅诺（Janneau）提出此说。
藤椅	源于荷兰的藤编座面 [明式家具称之为软屉] 椅在当时较罕见，这种椅子集成了车镟件和弯曲的部件，前侧望板富于装饰。

银器

调味瓶

马萨林盘，形似红衣主教马萨林的帽子

执壶

蛋杯

杯

汤碗

玻璃器（glassware）

盘蛇杯

海豚杯

陶瓷器

纳韦尔陶盘

这一时期的玻璃器存世极少。

• 普通的玻璃器模仿金属容器的造型，每个饮者都有其专属的玻璃杯。

• 更早的"威尼斯"玻璃由活跃在法国的意大利人制作，很多作品相当精致，装饰纹样为花卉、蛇或海豚等。

1661～1770

路易十四风格

从 1661 年到这个世纪末，路易十四作为一个绝对的、将国家人格化的君主，在其治下的所有艺术创作领域皆强制推行他的风格，就如同对他的朝臣施行强权统治一样。

这种风格迅速扩散至整个欧洲，法国的影响此时无处不在，取代了意大利和西班牙的地位——除了拥有值得炫耀的，诸如范·德尔默伦（Van der Meulen）和弗米尔（Vermeer）等佛兰德大师的绘画领域。在这个世纪的下半叶，整个西方世界的艺术作品都打上了法式审美的烙印。但这种影响力是极端形式主义的，对现实世界漠不关心，它仅注重形式的美化而不是去理解自然。这个时代出现的伟大的科学家不是法国人，而是英国人，如牛顿；或者德国人，如莱布尼兹。

路易十四无疑怀着极大的热情，慷慨而且关怀备至地招募、培养了无数艺术家为他服务。国家的艺术政策由大画家夏尔·勒布兰（Charles Le Brun）监督实施，他受命装修凡尔赛宫，在超过四分之一世纪的时间里管理金器师、家具制作师、黑檀木器师（豪华箱式家具大师）、软装师、版画师、雕刻师、装饰师甚至园丁的工作。

夏尔·勒布兰强令所有人必须遵循一致的风格，这种风格融入了拉丁文化和古罗马的恢弘，彻底去除了先前处于统治地位的意大利风格和文艺复兴时期奇幻的装饰语汇。新风格的特点是平衡、对称、规整、宏大，杜绝无序的和个性化的自由发挥。

当然，在路易十四统治的前期，这种风格并非一蹴而就。对前期的怀旧之情是最大的阻碍，尤其是家具仍然非常接近路易十三的风格，装饰的雕刻依旧很笨拙。但是，渐渐地，这种风格的导向赢得了信赖和尊重。它在 1670 年代接近成熟，十年间，在各个方面都达到了顶峰。

然而，临近世纪末的时候，王朝又出现了明显的衰落。国王的资源此时大幅衰减，他削减了奢靡的娱乐支出，转而偏爱玛丽行宫和特里亚农宫那种更加私密的氛围，曼特农夫人更是以"资产阶级"的情调而自居。战争看似永无止境，许多工匠也被迫去服兵役了。

艺术风格方面也很快就摆脱了皇家的控制，巴黎取代了凡尔赛。装饰现在不再服务于宏大的建筑，而是变得更轻盈、更自由、更优雅。摄政风格的元素也已经开始显现。

国外
英格兰：
威廉-玛丽式和早期的安妮女王式
意大利：
巴洛克式
西班牙：
丘里格拉风格（Churrigueresque）

家具

材料变得更加多样，技术更加娴熟，而曲线也更加突出。路易十三时期的厚重与简朴此时让位于路易十四风格。创作灵感汲取了神话、植物、动物、建筑和战争等装饰母题，用以映衬太阳王其自命不凡的光辉，这个时期的黑檀木器师或者豪华 [特指带有镶嵌细工装饰] 箱式家具的制作师才是这位明星的真正仆人。在家具史上，路易十四风格是一个重要的跨越，它终结了多功能家具的时代，开创了一个专用化、单体化家具的新纪元。普通的箱柜也只在外省还有制作，而最新样式的橱柜是由路易十四的家具师安德烈 - 夏尔·布勒（André-Charles Boulle 1642 ~ 1732）制作的。

材料和技术。大件的硬木家具由栗木、胡桃木或橡木制成。它们有时不用自然色，涂成如红色、绿色之类的鲜艳颜色，甚至采用镀金或包银。箱式家具的坯体及其装饰的贴面或镶板由多种木材制作，主体为橡木制作，附属部件为杨木或松木制作。

顶级大师布勒的镶嵌细工作品在路易十四时期有了显著的变化，他采用了各种新材料：

● 镶嵌木料包括各类具有对比色的木材：黄色的杏木和黄杨木、纯白色的冬青木、红色的梨木、粉灰色的产自圣卢西亚的木材，以及黑色中透出渐变棕色的胡桃木。

● 布勒镶嵌使用的矿物和动物材料包括：金属材料如黄铜、锡镴和银；动物材料有兽角、玳瑁、螺钿 [珠母贝壳] 和象牙。

这种最新的技术会同时生成两套极为精细的图底装饰构件：

● 正布勒镶嵌以玳瑁为地，镶嵌黄铜；

● 反布勒镶嵌，以黄铜为地，镶嵌玳瑁。

两种情况中，锡镴和黄铜可相互替代。

注：两种镶嵌板同时产生，通常用来装饰两件一模一样的柜子（一件为正，一件为反），或者一件家具的对称部位（如衣柜的两扇门）。

大漆。当时的法国工匠经常将东方

线脚样式

缩顶拱

四直角及缩顶拱

委角

装饰母题

太阳饰

面具

水果垂花饰

双趾兽蹄

莨苕叶

方栏杆腿

涡卷托架腿

镶嵌设计

两个交织的L
（路易十四、路
易十五和路易
十六的象征）

倒钟形（装饰旗）
底部的鸢尾花是
波旁王朝的象征

木雕母题

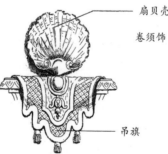

扇贝壳

吊旗

木雕母题

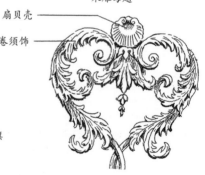

扇贝壳

卷须饰

装饰母题
交织纹

菱格缀点纹样

菱格缀花纹样

大漆板融合在其家具中。但这些进口面板极为稀罕而且难以加工，迫使法国工匠开始尝试可定制的仿品。结果，"中国工艺"的清漆在18世纪终于由马丁兄弟开发成功，这是他们兄弟几个密切合作的成果。

青铜常用于装饰件以及家具构架的加固。以古琦（Cucci）为代表的作品，使用了镂雕及各类精细的处理工艺。青铜也用于制作门把手、锁板、铰链和拉手等。

装饰

路易十四时期装饰的特征是严谨和对称，故而构形平衡、气势宏伟。对称的部件分布在纵轴或横轴两侧。与此一时期可以媲美的对称设计再一次出现是在以后的第一帝国时期了。

● 直线设计被垂花饰母题以及涡卷形托檐、齿状饰和凹槽纹柔化，不过较少采用圆柱和三角楣；

● 曲线弧度较小而且很短；

● 直角保持不变，但是不明显，有时用青铜包角；

● 面板不再采用凸浮雕母题。

线脚原本厚重，逐渐变得轻薄而柔和，但仍要服从家具的整体和谐，以及对称的要求。

路易十三时期家具中的面板有缩角［委方角］和浮雕装饰（如钻石棱饰），但这种做法在路易十四时期消失了。

面板此时的特点为：

● 四角皆为委角［圆弧形凹角］；

● 仅在上方的两个角为委角；

● 四个直角，顶端带拱顶；

● 缩顶拱形；

● 圆徽形。

装饰母题。木雕和青铜雕塑都很普遍，丰满的造型和强劲的线脚使其看上去虽然笨重却很华贵，凸显了路易十四时期装饰风格的宏大。

人类母题。人像面具非常惹眼，它们有时被向外辐射的阳光线条环绕，这种情况称为"太阳饰"。

怪面饰表现为怪诞画中的头像浮现于繁盛的植物中。面具和怪面饰有时在周围棕榈叶的衬托下形成一个光晕形态，这种情况称为"孔雀屏"。

动物母题。扇贝壳的正面或背面形态皆频繁使用，两侧通常有对称的卷须饰。常见的动物母题还有：狮头、狮爪、公羊头、海豚、格里芬兽［也译成狮鹫，神话中的鹰头狮尾兽］和兽蹄等。

植物母题。最常见的有：橡树、月桂树、橄榄树、纹章式的鸢尾花（波旁王朝的象征），以水果和花卉组成的垂花饰也称水果垂花饰。莨苕饰和莲花饰（见第38页）以各种方式使用：并排排列构成线脚、卷曲成卷须饰或者玫瑰饰等。

战争标志：战斧、盾牌、头盔、箭等。

建筑母题：截面为圆形和长方形的

羽冠床的细部

独立式托架桌

面具

菱格地

怪面饰

涡卷托架形腿

莨苕叶

双趾蹄

涡卷形横枨

方锥腿

灯座

托架桌

栏杆柱、涡卷托架、涡卷托檐、齿状饰和三槽板。

借鉴挂毯设计的母题：倒钟（织毯的末端形状）和吊旗通常模仿扇贝壳的边缘且末端挂流苏、垂幔饰、绳结及丝带等。

连续纹样：用圆点或雏菊点缀的长方形或菱形网格纹样、编织纹样。

床

当时的床目前存世无几。和路易十三式一样，床是软装师最重要的工作职责，所以它们的木框很少有雕刻装饰。床是包含床帘、床体和帐盖的一个集合体。

羽冠床四个床柱带有精美的纺锤形羽冠柱头。

天使床无床柱，其华盖比床裙短，床帘借助彩带系的绳节束起。

注：公爵夫人床也没有床柱。

桌

独立的托架桌是路易十四风格中尤其成功的家具，装饰丰富，威仪大方。当时称为涡卷托架桌是因为其桌腿的形状类似建筑上的 S 形涡卷托架。

桌面形状为正方形或长方形，圆形较少，一般由大理石、斑岩或玛瑙大理石制作；或者以黑色大理石内镶嵌彩石制作；或者以镶嵌了锡、铜和玳瑁的木板制作。

桌腿皆有繁复的雕花和装饰。

腿间的十字横枨呈涡卷托架的形状，或者使用其他的弯曲构形，横枨的交汇处采用大型装饰母题。

桌腿在路易十四时期的演变过程为：

● 初期，腿形为方锥形、栏杆形，而涡卷托架形更为常见；

● 末期，曲线变得更加明显，末端为双趾蹄形足；

● 望板常做精美的雕刻，有时以透雕呈现，中央设面具或怪面饰，地纹图案多为菱形或方形连续网格。

不太精美的桌子也是用天然实木制作的（有时用彩绘修饰）。在整个世纪，连最普通的桌子都装置了车镟腿。没有一张餐桌像我们今天这样，只使用简单的支架实现其功能。

游戏桌为三角形、方形或五边形，根据游戏的规则而定。

烛台几和杰瑞登桌用于放置火炬和烛台。常以雕花的金漆木制成，基座为涡卷托架形脚的三脚架，通过一根细长的方椎柱支撑圆形桌面。

壁桌

也称为连壁式托架桌，为挂墙设计，所有的壁桌皆有繁复的装饰。

桌腿有时是直腿，有时向内弯曲。在路易十四统治结束时，后腿消失了。

桌面和望板的处理和其他桌子相似。

布勒柜

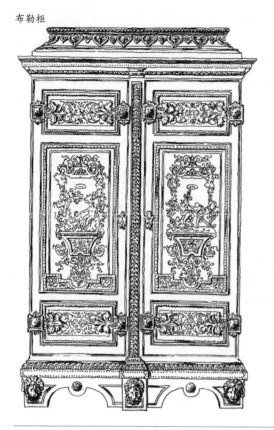

布勒	安德烈－夏尔·布勒（1642~1732）之前的两代人皆生活在卢浮宫画廊。亨利四世时期从瑞士来到法国，他们直接为国王工作，被授权无需履行所有行会的义务。虽然家具制作师隶属于国王，但布勒却无视勒·布伦的权威，独自寻求合作天才，比如贝兰（Berain）和卡菲耶里（Caffieri）。
装饰家和艺术家	在勒布兰的指导下，装饰艺术家勒布特兄弟、马罗家族以及贝兰兄弟雕刻出模型作为装饰指南，凯勒（Keller）负责青铜器的铸造；巴兰兄弟负责镀金；卡菲耶里和吉拉尔东（Girardon）负责木雕；夸瑟沃（Coysevox）和图比（Tuby）负责石雕。

写字桌及书桌

写字桌在路易十四时期开始出现，且品类繁多。

文具桌尺寸很小，覆盖天鹅绒或摩洛哥皮革，配备了抽屉以存放文具。

平板标罗（bureau plat）是长方形桌，其面板以皮革覆盖，有圆润的铜边。

以镶嵌细工装饰的望板设有单抽屉或双抽屉，望板中心略高以留出膝洞 [使用者放腿的空间]；桌腿弯曲带兽蹄足，没有横枨；抽屉和腿部以青铜件装饰，台面的末端通常设一个独立的装置，称为鸽笼式文件格，设存放文件的抽屉或收纳搁。

八腿马萨林桌是这一时期最具代表性的书桌形制。它有两组抽屉，每组分别以四条桌腿支撑，腿为直腿、栏杆腿或涡卷托架形腿，以横枨加固。中间的抽屉较高留出膝洞。镶嵌的装饰材料为珍稀木材、玳瑁和铜。这种书桌也有用普通木材制作的。

大衣柜和餐具柜

大衣柜，刚毅而雄伟，保留竖直的底座和凸出的横平檐口，但是线脚更加精致。

长方形的门板被细分成各种形状的板块。柜脚是其底座简单的纵向延续，也可为扁球脚、球爪脚或粗壮的涡卷脚。

矮柜

经典柯默德柜

佛提尤椅（fauteuil） 法语 fauteuil 在 1663 年左右开始使用，当时取代了术语讲坛椅（见第 20 页）。据史学家考证，佛提尤最初单指低靠背的扶手椅和高靠背的讲坛椅。目前法国用佛提尤一词统称路易十三式扶手椅实际上是不恰当的。

在路易十四末期，转角不再那么显著，同其内部一样开始弯曲，不过没有损失任何力量感。

布勒柜，稀有且华丽，轮廓相当刚硬。以铜和玳瑁为材料的镶嵌细工板装饰，檐口、铰链和底座都镶有极精致的青铜饰件。

矮柜或者半柜是一种新形制，有两到三个门，在大理石或实木盖板下面有时设有抽屉。

两件式餐具柜，分上下两件，一件顶柜安装在一件矮柜的上方，顶柜略窄于矮柜。

柯默德柜

即抽屉柜，17 世纪末期出现，如同以前大衣柜取代了流行已久的箱柜，柯默德柜取代了门柜。

盖板为厚木板、中国大漆板、贴面或细工镶嵌板。用做工精美的青铜饰件装饰锁孔、脚、拉手和转角。

经典柯默德柜（classic commode）为平面直边，采用大理石盖板。正面有时向前鼓起；两侧转角支撑三到四个抽屉；转角或凸圆或倒角。

布勒柯默德柜（Boulle commode），设四个抽屉，直边竖立。以玳瑁和黄铜镶嵌装饰，配青铜的面具、怪面饰、拉手、锁板及转角装饰。其简洁的轮廓被其奢华的装饰所掩盖。

座椅

宫廷施行严格的等级制度。扶手椅作为特权的标志，仅供身份特别高贵的客人使用，必须拥有贵族头衔的成员才可以坐软垫椅。

路易十四式佛提尤庄严伟岸，有时裸露木纹本色，有时镀金。精美贵重的软包面料包括：金丝或银丝锦缎、天鹅绒、花缎、匈牙利蕾丝或白色中国软缎等。这些面料先以小钉固定，然后压真丝或亚麻编织的辫带及排苏，再以饰钉固定装饰带。

其靠背方直，而且高长于宽（更宽的靠背此时已经消失）。软包扶手或肘垫仍然很少。扶手柱与椅腿对齐，形状为直柱、栏杆或者涡卷托架形。路易十四末期，扶手柱开始后移，以此可以鉴别区分路易十四式和摄政式扶手椅。

椅子的前腿，部分为栏杆腿或锥形腿，更常见的是涡卷托架形腿。脚为爪球脚、扁球脚、方块脚，如果是涡卷形托架腿，底部会有一个方形小木块垫在地板上。

腿部的横枨都很庞大：

● 路易十三时期的 H 形枨在路易十四早期仍很普遍，腿形仍然为车镟腿、涡卷形或羊骨腿形。

● X 形枨，一种稍后出现的形制。这种架构由四个涡卷托架形横枨连接至中心形成了一个整体装饰。随着路易十四统治期的发展，X 枨变得更轻薄，其线脚不再明显。

注：还有一种简版的路易十四式佛提尤椅，由圆材制成，但是没有雕花和线脚。扶手的末端是一个较大的圆头，被称为喙 [鸟嘴] 状扶手。这种扶手椅

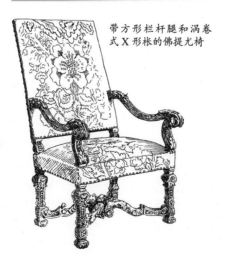

带方形栏杆腿和涡卷式 X 形枨的佛提尤椅

带喙状扶手、H 形横枨和羊骨腿的佛提尤椅

相当坚固，被大量生产，现在通常被当作路易十三风格的座椅出售。

忏悔椅是贝尔杰尔椅（bergère）的原型（见第 53 页），供倾听忏悔的牧师使用，特征是有两个翼（耳）和厚坐垫，起初两翼还装置了百叶窗，后来翼上的百叶窗被去掉了。

午休床在路易十四时期出现，床身又长又窄，有八个栏杆腿、涡卷托架形腿或壁柱形腿，以横枨联接；一侧有个较低的靠背，与它们的腿足、座框一样，装饰雕刻的母题。

卡纳菲椅（canapé）是由午休床衍生而出的长椅，比佛提尤椅大三倍。腿（有六或八条）的形状类似同时期的椅子，坐垫有时很松软。

聊天椅也被称为矮椅，车镟短腿和高靠背一直沿用至今。

路易十四式**长凳**有四或六条栏杆腿和软座垫。

草屉椅屉盘或座面为草编的椅子，也称草编椅，漆成黑色、绿色或中国红，当时相当普及。

靠背椅（chaise à dos）形似当时的扶手椅，但是无扶手。

路易十四式**凳**（placet），椅盘为正方形或长方形，有四条竖腿，腿为镀金的栏杆腿、涡卷托架形或壁柱形腿，并以 H 形横枨或 X 形横枨加固。

折叠凳（ployant）易折叠的小马扎，由豪华材料制作并包覆名贵织物。雕成栏杆形或者涡卷托架形的腿成 X 形交叉。腿表常镀金，有的折叠凳甚至是纯银打制的。

带涡卷式 H 形横枨的忏悔椅

带有方形栏杆腿的折叠凳

带 X 形横枨和圆形栏杆腿的靠背椅

银器

梭边盘

汤碗

枝形壁灯

联瓣纹盘

执壶

冰酒器

盐盅

陶瓷器

鲁昂陶盘

穆斯捷陶盘

鲁昂陶壶

路易十四地毯的细部

三角楣镜框

修女钟

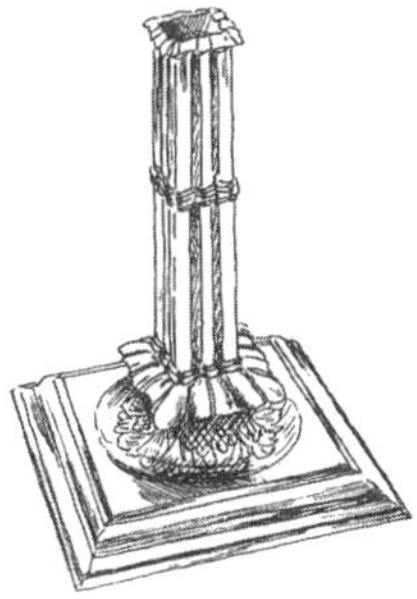

会计烛台

烛台

调味瓶

枝形烛台

晴雨表

窗帘束带

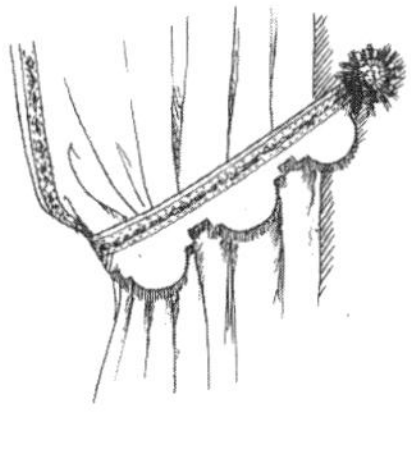

摄政风格

1700 ～ 1730

尽管奥尔良公爵菲利普（Philippe d'Orléans）的摄政期只有 8 年（1715～1723），但其代表的精神在法国文化中却经久不衰。它出现在 18 世纪初，并在路易十五的统治期继续蓬勃发展，直至 1730 年前后。

摄政（Régence），与其理解为一种风格，不如说是一种思想状态。"伟大的王"在庄严而阴郁的最后几年里，放弃了奢靡的娱乐庆典和严苛的礼仪制度，明显地转向私密、舒适、消遣和娱乐性的活动，呆板的贵族礼节此时再难从法国宫廷乃至巴黎看到。硕大和单调长期代表着法式风格，艺术创造逐渐没落。而今荣耀与权力让位于优雅，贵族们摆脱了凡尔赛式的庆典，涌入诙谐有趣的沙龙，那里有放浪不羁的王子和优雅诱人的贵妇。宫廷礼仪被高雅的社交活动取代了。

摄政一词在法国文化中的同义词是智慧的活力、思想的光芒以及优雅的仪态。这是华托（Watteau）的时代，是去希腊塞西拉岛（Cythera）朝圣的时代，是在公园里讨论丰塔内莱（Fontanelle）哲学的时代，是喜剧作家马里沃（Marivaux）创作《双重背叛》和《爱情与偶然狂想曲》的时代。

慢慢地，没有了变革，也不再动荡，室内装饰也随之改变了。

专业的艺术家和工匠此时很少被国王和宫廷雇用，他们主要受雇于那些试图摆脱前期令人窒息的限制的私人雇主。结果是多样性的，有些虚幻的色彩，也赋予了摄政式风格新奇的特征。家具变得不再笨重，而是追求舒适和亲和。宏大的厅堂和寝宫消失了，变成小沙龙 [客厅]、闺房、书房和音乐室。因而，家具变得更小巧，更容易挪动，也更丰富。线条出落得更加流畅而柔曲，装饰变得更加巧妙得当。贴面和青铜饰件几乎无处不在。

高贵而不僵硬，富丽而不张扬，清纯而不俭朴，精致而不造作，摄政式风格呈现出一种泰然自若的优雅和魅力。不像路易十四式那么威严，没有路易十五式那么繁茂，它反映的是对甜蜜的日常生活的膜拜。

国外
英国：
安妮女王末期
意大利：
巴洛克末期
西班牙：
腓力五世风格（仿布勒风格）

家具

从 1700 ~ 1730 年，家具的形式演化比较微妙，没有革命性的变化。不过，舒适性大大提高了，造型更为优雅美观。

摄政风格是一种过渡风格，因而不难发现保守的元素和新奇的元素紧密结合而同时出现在一件家具上。往往，青铜配件的变化就足以将路易十四式转换为摄政式风格。摄政式风格所特有的青铜配件同时考虑了功能性和装饰性的用途。

材料和技术。 橡木用于制作最好的家具，松木和杨木制作普通家具。大部分的座椅用材为榉木、胡桃木、果木或椴木，黑檀用得较少。

装饰精美的天然木色再次流行，但镀金的木材仍旧用来制作托架桌、仪式用椅和框架类家具 [主要指桌、座椅类家具]。

硬木制作的箱式家具在 17 世纪早期旧爱重燃，备受倾慕。

木制贴面被广泛使用。摄政时期最珍贵的贴面材是玫瑰木，尤其是带有曲线纹理的国王木。

镶嵌细工以黑檀为地，嵌以彩色木材的几何图案。用黄铜、黑檀和玳瑁为材料的镶嵌细工被冠以"布勒"之名，此时只是小众需求，但它在整个 18 世纪仍保持了一定的流行。

青铜件。使用汞法镀金（这种工艺也称鎏金）或者金漆，青铜配件主要用于：制作桌案面板边缘的线脚；制作抽屉的加固件和拉手；制作护脚的脚套或者"鞋"；制作托架桌的胸像，保护凸出的转角。

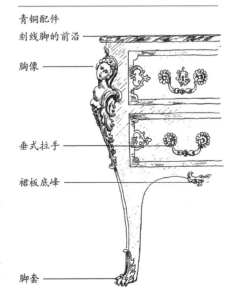

青铜配件

刻线脚的前沿

胸像

垂式拉手

裙板底峰

脚套

除掉那些古怪的叶子、蝠翼和其他所有扭曲的丑陋，回归自然。

——柯尚［法国作家、雕刻家及评论家］

装饰

摄政时期的装饰思想出现了转变；所有的装饰都在试图软化太阳王风格的刚硬。

路易十五时期，装饰将变得极为柔顺，以便与家具的主体框架自然流畅地融为一体。而摄政式的装饰更为平静和风格化，仍然是其主体的配角。

非对称性只是体现在装饰的细节上，整体框架仍然是严格对称的。

轮廓。曲线和波形轮廓在路易十四时期已有尝试，此时成为常态，平面较少。直角虽未消失，却也多被装饰软化了。

线脚为浅浮雕形式，薄而浅，不像路易十四式那么坚决。转角切掉装置青铜面具，装饰母题有时直接延伸至与其相邻的面板。硬木家具的镶板带有精致的装饰，并以线脚框饰，这些镶板形状各异，尤其是：

● 拱形，由一个居中的棕叶饰或扇贝壳及两侧的 C 形涡卷组成一个拱形上缘；

● 帽形面板上缘由一个两侧缩进的拱顶组成（见第 37 页）；

● 带有一个"不对称"的顶框，这种情况应为一对对称的部件之一（双门、护墙板）。

装饰母题。以下题材被广泛用于雕刻和青铜件。

连续图案。用小点和小花点缀的长方形和菱形网格依旧普遍使用，为削弱图案的刚性，直线有时柔化成波浪形。

人类母题：面具和怪面饰（见第 25 页）仍然可见，但它们正在被微笑的农牧神（fauns）［羊角羊腿人身］头像和女像取代；路易十四时期流行的狮头逐渐消失了。

黑檀木器大师夏尔·克雷桑（Charles Cressent）开始实践在平板书桌、抽屉柜和托架桌凸出的肩部、膝部安装胸像，或者是将女性半身像直接连在叶状的涡卷托架腿上方。扩展开来，胸像一词也被用来表达转角部位所安装的类似装饰母题，包括农牧神头像和安详的老人头像。

动物母题：

● 扇贝壳（coquille）是摄政式风格最具特色的图案。它们在摄政时期的这些年失去刚性，变得更自然，更轻薄，甚至是镂空的，有时从两个对称的莨苕卷须上升起，但它们不会像路易十五时期那样扭曲和缠绕。

扇贝壳作为中央母题出现在托架桌、桌、椅和大衣柜上，有时也作为转角母题；

● 蝙蝠翼（勿与扇贝壳混淆），这个奇妙的造型仅在摄政后期出现，虽不如扇贝壳常见，但用法相似；

● 动物在摄政末期更频繁地出现。木材或青铜雕刻的猴子、海豚、龙、鸟

线脚

帽顶面板

拱顶面板

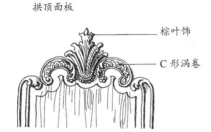

棕叶饰

C 形涡卷

不对称面板

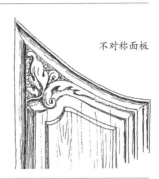

装饰母题

布雷恩的怪诞画饰板

女性面具

棕叶饰

孔雀翎

莨苕叶
扇贝壳

猴

镂空的扇贝壳

太阳花母题

蝙蝠翼

联瓣纹叶饰

装饰母题
棕叶饰

珠串和莨苕

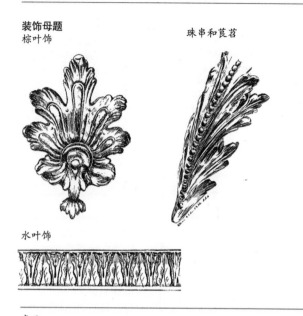

水叶饰

桌子

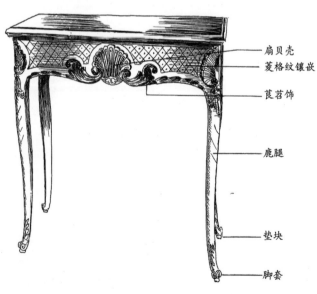

扇贝壳
菱格纹镶嵌

莨苕饰

鹿腿

垫块

脚套

和克迈拉装设在折叠屏风、托架桌、桌子、柴架、壁灯和钟等家具上。

植物母题：

● 棕叶饰，由连接在基座上的五个辐射状叶子组成，形态已失去其在路易十四时期的风格化特征。棕叶饰以木雕或者以青铜铸造，纳入三角楣、转角以及腿足的"膝部"，应用范围极广。

● 莨苕叶变得柔长，但不扭曲，也没锯齿，用在家具的腿部、椅子的座框和靠背的顶端。与其他图案一起，尤其是与扇贝壳、怪面饰和棕叶饰结合，几乎无处不在；

● 水叶饰 [也译成莲花饰] 是最精致的纹样，还有牵牛花、棕叶饰以及联瓣纹叶饰，都是这个时期的典型特征，它们皆被广泛使用；

● 在摄政时期结束时，带有四到五个大花瓣的"太阳花"开始出现在座椅和桌子的望板上。

异国母题：宝塔、孔雀翎、阳伞、驼背桥、粗糙的岩石和异国情调的鲜花等图案都被合理地运用。

注：战争和英雄母题被替换为田园世界、园艺、狩猎、垂钓、音乐以及最重要的爱情游戏（弓、箭、箭筒）。

床

类似路易十三和路易十四时期的床（见第 17 页和第 27 页），摄政式的床属

公爵夫人床

于软装师的领域。这种家具现在极为罕见，路易十五式的床不再那么繁冗笨重，首要的是亲切，精心雕刻的床头板很快垄断了所有的目光。

公爵夫人床和天使床继续保持了吸引力。床头及床尾的端板开始露木，尺寸随意，有时直至床脚。多数有复杂的轮廓和装饰。

羽冠床消失了，但皇家仍然在使用。

桌

桌子抛弃了厚重感，变得小而便于移动。

沙龙桌的桌面是由美丽的黄色阿勒颇砾岩（Brèche d'Alep）和欧坦（Autun）大理石制成，但较简单的桌子的桌面是木制的。

望板，具有蛇形下缘，配装饰母题。

框架，木制或鎏金木制，变化良多，大部分取消了横枨。栏杆腿、剑鞘腿和螺旋腿消失了，替换为早期的弯腿（鹿腿）和涡卷托架形腿，腿与座框或望板相连并向下外翻，腿的末端做成涡卷形脚，脚底设垫块或包裹青铜脚套。

独立式桌子在这个时期（相当罕见）显得小而优雅。望板有蛇形蜿蜒的底边，中央装扇贝壳、面具饰等。桌腿细长外翻，没有横枨。

更大的独立式桌子属于托架桌类，有时配细长的蛇形横枨，中央交汇处有

托架桌

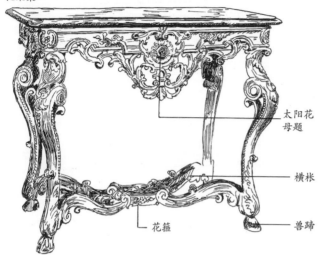

太阳花母题

横枨

花箍

兽蹄

平板标罗

装饰师和黑檀木器师（豪华箱式家具制作师）

建筑装饰师为吉勒－马里耶·奥本诺特（Gilles-Marie Oppenordt）和罗贝尔·德科特（Robert de Cotte）。这个时期最杰出的豪华家具大师是克雷桑。他舍弃了与其老师布勒相关的玳瑁、黑檀和黄铜镶嵌，改变了抽屉柜的造型特征，补充蛇形裙边使其获得了浑圆的轮廓。

雕刻饰件。精致的青铜件装饰桌腿的膝部和脚；若桌子为硬木作，上述位置会设计丰富的雕花。其望板也可安装青铜饰件。

摄政式游戏桌带有弯腿和装饰性望板。桌面呈正方形、长方形或五边形，品类少于路易十四时期。

夜桌仍然相当罕见，但梳妆台已经普及。这些简便的桌子最初覆盖薄桌布（因此法国也称其为桌布桌）和蕾丝花边且一直垂至地板。

支架桌仍然用于正餐。

托架桌

托架桌变化较小，保留了其装饰性的特征。富于装饰的望板，有时为透雕设计，上撑美丽的大理石台面。两或四条腿被勾勒成瘦长的 S 形，且带有精细的雕花，膝部常镶胸像或大胡子怪面饰。蛇形横枨的中心装花箍母题。

书桌

平板标罗是首选类型，个头很大，长方形桌面以线脚修饰边沿；望板设三个抽屉，装饰水叶饰或莨苕饰线脚，带青铜拉手和锁板。

偶尔，两侧做成双层抽屉，中间的单抽屉略微凹陷。

弯曲的鹿腿末端为青铜脚套或莨苕叶，关节部位或者膝部也用青铜装饰。

两件式餐具柜

餐具陈列柜　源于外省，这种流行的家具被用来展示彩陶、锡器和瓷器。它在诺曼底被称为 pallier，在香槟地区叫 ménager。最好看的实例来自法国东部和南部。其下部为粗线脚装饰的双门柜，类似两件式衣柜，上部顶一个三角楣（三角形、拱形或帽形），装饰放射状图案和凸出的檐口。

标罗通常为贴面，但也有少数存世的实例是由染色的梨木制作的。

翻板桌的需求量很大。由硬木制作，面板平直，但中央装饰着精美的浮雕图案。

面板下侧横向分成三段，中段凹进以容纳使用者的腿部。支撑结构类似马萨林桌，包括两组四条弯腿。不过不设横枨，末端有青铜脚套。

注：在摄政时期，既没有幸福时光桌，也没有卷筒桌（见第 60 页）。

大衣柜

摄政式大衣柜，高大宽敞而且皆为硬木制作，非常接近路易十四式的形制，但其正面有时呈弓形前凸。两侧边框浑圆，若装三角楣（顶端不是平直的檐口），则三角楣顶部为提篮拱或帽形拱造型。裙板有蛇形下缘，有时雕线脚和装饰母题，附短足。

大衣柜的镶板不再以水平中轴上下对称分布，板角处雕 C 形涡卷、悬垂的植物和小花使其变得柔和。

餐具柜

两件式餐具柜类似同期的大衣柜，但其基柜略宽于顶柜，底部为扁平台座。

柯默德柜

摄政式柯默德柜（两排抽屉，长

记忆为智慧提供素材，滋养并维系它，绝不
是它的负担。

——乔治·杜亚美［法国作家］

摄政式柯默德柜或凸肚柯默德柜

弓形柯默德柜

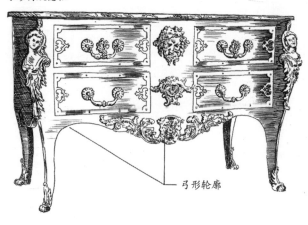

弓形轮廓

藤编椅

典型的摄政式座椅带有纤细的靠背或边框，
以及精心雕刻的扶手、靠背顶峰和底座。这
个时期所有类型的椅子都有使用藤编座面的
情况。此类家具存世颇多，它们内敛的优雅
至今看起来依旧异常迷人。夏天，这种椅子
会使人感觉凉爽；冬天，可在椅子靠背和座
面上加软垫，并用丝带固定。

腿）和凸肚柯默德柜（三排抽屉，短腿）
［直译为墓形柯默德柜］是这一时期的
特征性产品。或为硬木制作，或以镶嵌
细工装饰，其正面和两侧鼓起，故而看
上去很笨重。顶部为大理石台面；抽屉
之间有时镶嵌紫铜沟槽。顶部一排为两
个抽屉，下侧皆为单个宽抽屉。整个箱
体的转角处装饰胸像、面具或其他青铜
饰件。

装饰性的青铜附件是以莨苕饰、水
叶饰和联瓣形叶饰等造型修饰的锁板、
脚套和拉手（固定式或下垂式），或者
装饰其裙板。

弓形柯默德柜，这种相对不太笨重
的柯默德柜，由克雷桑开发出来以后很
快就成为标准形制。其正面的弓形弧度
较浅，设两排抽屉，早期的弯腿（鹿腿）
较长，末端套莨苕饰脚套。裙板呈弓形
或蛇形轮廓。

功能强大的青铜雕刻件镶饰抽屉的
边缘、锁板，并保护转角。

座椅

摄政时期，座椅已经不再笨拙，变
得更轻便，更贴合，不过仍然保留了很
多直线设计。

框架：木制靠背框架平直，座框或
平或外凸，并展露其精美的雕花装饰。
摄政早期，椅背框的侧边仍为直线设计，
后期开始向内凹曲；搭脑上凸，靠背顶

座椅
忏悔椅

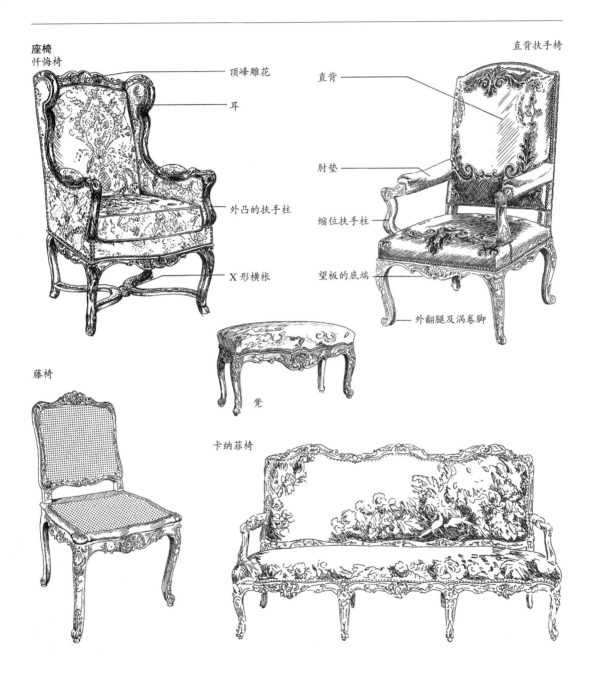

顶峰雕花

耳

外凸的扶手柱

X 形横枨

直背扶手椅

直背

肘垫

缩位扶手柱

望板的底端

外翻腿及涡卷脚

凳

藤椅

卡纳菲椅

峰及肩部的雕花与望板相似，形成呼应。

摄政式座椅和长椅皆为弯腿，多外翻；尺寸可以非常短，也可以是线条精美的长腿；涡卷脚以莨苕叶装饰，脚底常加垫块。

注：栏杆腿和涡卷托架形腿都已经不再使用。横枨越来越罕见，即使出现也很纤细，呈X形结构，并刻线脚装饰。

软包与编织。所有的软包座椅上包覆织毯、皮革或者是贵重的织物。藤编椅出现在这个时期，而且很受欢迎。

注：摄政式代表性的造型元素很少同时出现在同一件座椅上。这个时期，典型的形制为靠背不露木[全部软包，不露出木框]，而外露其座框、椅腿和缩位扶手柱，并且都有雕花装饰。同时，也有实例没有横枨，却带有前弯的扶手柱。

佛提尤扶手椅。靠背低矮露木，侧边平直，座面变为梯形。

扶手柱不再同椅腿对齐，而是外展开来，以容纳女性的裙子及裙撑。扶手上增添了软包肘垫。路易十四时期曾经偏爱的厚重的腿部结构此时变轻，并饰以枝叶母题。

座框和靠背顶峰多精雕细凿，常设中央母题，以强调其曲线造型。

腿，或为弯腿，或为鹿腿造型，有时外翻，膝部和脚雕莨苕饰。

靠背椅（无扶手）遵从扶手椅的造型、比例以及装饰纹样。

翼背贝尔杰尔椅（翼背矮扶手椅）是路易十四忏悔椅（见第31页）的一种矮型变体。其连续的"耳部"与扶手组成侧翼并与靠背垂直相连（贡多拉式靠背仅在路易十五时期开始出现）。靠背顶峰、扶手及其矮座框的处理方式与佛提尤椅相似，但也有靠背完全软包，不露木框。厚实而松软的垫子使这些椅子非常舒适。

软凳在此时期很受欢迎。正方形或是长方形椅面，木制框架的曲线近似同期的扶手椅。

边长凳是常见的座椅类型，沿着宽走廊和大厅的墙壁放置，框和腿（四或六条）的造型类似同期的扶手椅。

摄政式卡纳菲椅，比路易十四时期丰富许多，形似两到三把扶手椅连为一体。实例中有的带横枨，有的没有。这种家具将在路易十五时期发展成与众不同的重要形制。

午休床有两个"靠背"位于端部，端板边框露木且富于雕花。短腿弯曲外撇，亦有雕花。

扶手躺椅是座面加长的扶手椅，六条弯腿外翻，雕莨苕饰；弓形望板镶扇贝壳饰，坐垫为一体式长垫。

银器

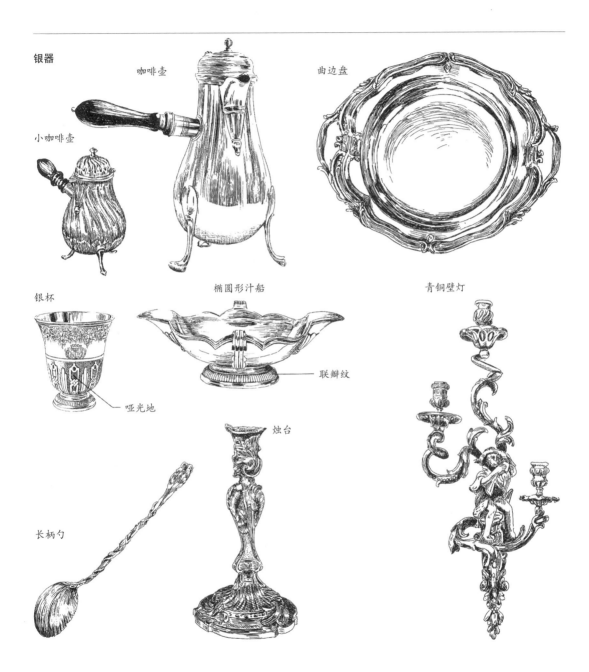

咖啡壶

曲边盘

小咖啡壶

银杯

椭圆形汁船

青铜壁灯

联瓣纹

哑光地

烛台

长柄勺

1730～1760　　# 路易十五风格

尽管路易十五有名无实的统治期（包括摄政时期）为 1715 年到 1774 年，但同名的风格大约 1730 年才开始出现，到 1760 年就变成了所谓的路易十六风格。但在这三十年里，我们看到了一个有史以来最辉煌、最精美，也可以说是最迷人的风格的创立和发展。

路易十五时期是宠妃们的黄金时代。蓬巴杜夫人、杜巴里夫人和其他几位不仅仅是甜美的王室情妇，她们也是无数优雅和智慧女性的偶像。她们的喜好，甚至是一颦一笑皆统治了这个时期的风俗、时尚和装饰。

女主人的权力无处不显——在凡尔赛，在巴黎，在外省——自从大权落入这位新角色手中以来，其权威很少受到挑战。为了她，伏尔泰创作了《老实人》，狄德罗撰写了《八卦珠宝》；为了她，学者和思想家们编纂了《百科全书》，将军们奔赴沙场，大臣们秘行权谋。在她的影响下，宫中原本宏大而冷清的礼仪大厅更换为安逸的小房间，这里变得舒适、热闹而又私密。

新住宅不再像以前那么规范，房间越来越小，数量越来越多，功能性也越来越强，出现了各类沙龙（社团聚会厅、小客厅、音乐厅）、闺房、图书室和书房。随

后，在 1740 年前后又增加了餐厅。

在主楼层，每个卧室都有自己的衣帽间或更衣室、闺房或私密的会客室。

所有这些房间皆装饰得优雅别致、舒适惬意。大理石墙面被雕花、彩绘或清漆涂饰的高护墙板取代；地面不再铺设石板，此时觉得它过于冰冷，全都换成了镶嵌装饰的木板；壁炉台变低了；小摆件、灯具、工艺品以及异国的奇珍异宝，在选择上都需要迎合整体效果，甚至画家也要调整主题和构图来适应这种亲昵的审美。

这种精致的热潮促使家具产业第一次名副其实地出现了。有名的黑檀木器师或者豪华箱式家具大师将其工作分配给分包商，产品由特约经销商售卖。这些经销商虽然地位低下，却发挥了重要的作用：他们向客户提供建议，作为生产商和客户的居间人，协调各类工匠行会的工作，有效地维护了风格的一致性。

一切，皆为塑造一个雅致而舒适的氛围。在这个时期的文学领域，人们也感受到了同样的气氛，充满讽刺、自由和文明。环境造就了一个无与伦比的格调，在欧洲，它被长期尊为社交活动的典范。

国外
英国：
帕拉迪奥风格及奇彭代尔风格
意大利：
洛可可风格
西班牙：
卡洛斯四世风格（洛可可和复古风格）

家具

路易十五时期无疑是法国家具最辉煌的时期。材料无比丰富、工艺极为精湛。形式剧增以适应形形色色的新需求：家具变得实用、轻便，却绝不失优雅。

材料和技术。大多数硬木家具用橡木或胡桃木制成，但也有实例用樱桃木、白蜡木、李木、栗木和橄榄木制作。

榉木，椴木和胡桃木，仅用于椅子和其他座具。

精品家具的框架部分多用橡木制作，当然也有部分实例使用松木和杨木。

● 彩绘木通常用来营造家具和镶板之间的和谐感，线脚和雕塑可以涂绘相同的对比色；

● 此时金漆木比以往用得少了，只有窗间镜的镜框、托架桌和精美的便携式座椅保留了使用习惯。

镶嵌细工。许多木材都被用来做镶嵌料，包括桃花心木在内的可用之材不下百余种，可以制作出五彩缤纷的构图：溢出花篮或花瓶的花朵、蓬松的枝叶和小花束，以及连续的几何图案等等。

注：此时布勒镶嵌仅用于箱式家具、落地钟和座钟。

漆。从东方进口的大漆饰板很难融合到曲面设计中，法国的工匠由此开始生产仿品。最成功的技术由马丁四兄弟发明，他们制作的黑底描金漆绘和以亮色（深蓝色、祖母绿和黄色）大漆为地，绘制水果、田园风光和中国风图案，品质俱佳。

但马丁漆后来被证明不够稳定，所以此时的漆制家具只有少数留存于世。

青铜配件。用于豪华家具的装饰和保护。这些铸件使用汞法镀金，或者更多地采用金色涂料。总体而言，路易十五时期的青铜件没有摄政时期的精致。

美丽的大理石用来增加家具和室内装饰的亮度。厚重凸出的顶端为其下部柜体的复杂轮廓增添了贵气；通常，大理石面板的前沿刻四分圆的凸圆线脚，及紧临其上方的凹圆线脚。

陶瓷散发着新奇的诱惑，小件家具的桃花心木面板上镶着精致的长方形或者圆徽形瓷板。偶尔也有一些杰瑞登桌（带三脚架支座的小圆桌）使用较大的瓷板桌面。

曲线是曼妙绝伦的生命之线。

——米什莱

技术

镶嵌细工

大理石面板及刻线脚的前沿

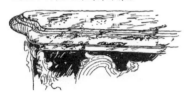

瓷板桌面

镶嵌细工

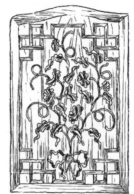

实木线脚

马丁清漆	许多类型的家具（抽屉柜、梳妆台、角柜、小桌子、书桌）涂饰当时非常流行的马丁漆，此类家具多为成套制作。鼓肚形表面变得很时尚；以精致的青铜件修饰家具的转角（起保护作用）、拉手和锁板。
洛卡尔和洛可可	法国被称为洛卡尔（rocaille）的风格，是巴洛克风格的晚期变体，盛行于路易十五时期并迅速蔓延至整个欧洲。其成功所带来的刺激，使设计师们开始走向极端，结果变成了洛可可（rococo）风格，洛可可是洛卡尔风格的劣质版本，而法国的洛卡尔风格几乎全都呈现出平衡、适度和优雅的装饰。

装饰

路易十五时期的装饰与路易十四时期的区别在于，一个体现的是旺盛的动感，而另一个是僵硬的节律，二者完全对立。路易十五风格的标志性特征是曲线、异国情调的主题、暗含岩石和贝壳的造型，并且突出其不对称性。

线条。曲线无处不在，软化了造型和装饰母题。但这种婉转并没有影响家具的稳定性和平衡性：其C形卷曲和S形曲线尽显窈窕。

直线被装饰母题中断或者以线脚柔化。

洛卡尔。装饰家奥本诺特和梅索尼耶第一个从大自然中获得了这种灵感。他们的样例很快得到了黑檀木器师、雕刻师、画家、金器师们的追捧。

洛卡尔这个术语最初特指器物形似**岩石的青铜或陶制基座**。后期，它被用在各种恼人的设计中，成了所有刻意的掩饰有序、强做无序的艺术形式或视觉感受的代名词。

异国情调亦随处可见：先是仿造异国的器物，而后又对其进行了法国式的美化。

注：洛卡尔审美和异国情调促进了不规则造型的发展，激励了所有的应用艺术领域采用这种奇异的形式；精确的镜面式对称此时让位于大致等量的平衡。

装饰母题体现在青铜件、银器、木雕以及镶嵌作品中。它们从不呈直线排

装饰

灯芯草茎

菱形镶嵌缀雏菊

几何图案镶嵌

风格化的贝壳饰

双翼铭牌饰

海豚

戏猴饰

椅背顶峰的雏菊

托钵僧

音乐象征符

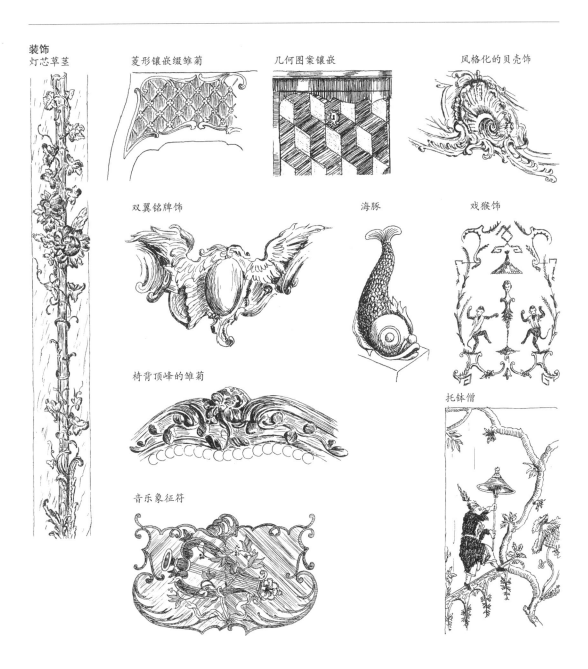

列，而是散布在设计师希望抓住观众眼球的所有位置。母题的设计灵感源于动物或者植物的自然形态。

● 菱形网格，为模仿柳条编织品的几何图形，网格内有小花点缀或者没有小花点缀的都很普遍。

● 铭牌饰向前倾斜凸起，镶进洛卡尔式的边框内；

● 扇贝壳仍被广为采用，呈现为不规则的形态，并演化成镂空的、折叠的、带锯齿边的形态；

● 鸽子和海豚被选为动物母题；

● 花卉被风格化了，表现为花束或者垂花饰，单枝或者三枝一束随处可见，多数附带枝叶陪衬。带茎的小花多出现于座椅靠背的顶峰和望板上，取代了摄政时期的扇贝壳；

● 瘦长的莨苕饰融入所有的洛卡尔

母题。交叉的橡树枝、月桂枝和棕榈枝的处理十分自由。棕榈叶和灯芯草茎组成的柔软边框全无刚性，直线部分全都分段处理成精致的枝状；

● 象征符号被高度珍视，如爱情、狩猎、捕鱼、音乐和田园风光等主题，用来歌颂甜美的生活方式；

● 东方主题也大量体现在装饰中：苏丹 [奥斯曼帝国的君主]、帕夏 [奥斯曼帝国的官职]、托钵僧或者拟人的猴子穿行于优雅的风景画中。

框架和硬木家具

● 关于木器师行会的分工：原则上，所有成员都允许制作框架硬木家具和包括布勒镶嵌及木工镶嵌的箱式家具。然而，实际上框架家具师只制作框架和硬木家具，黑檀木器师制作豪华箱式家具。

● 框架木器师，此时制作床和座具，以及纯胡桃木或橡木的桌子、餐具柜、大衣柜和托架桌。家具上的精美雕花由与其密切协作的雕刻师完成。而黑檀木器师则专攻带有布勒镶嵌和木工镶嵌的家具。

床

极少有路易十五时期的床能够流传至今。幸运的是，它们经常呈现于当时的绘画作品当中，使得现代工匠可以依图重塑。

法式床垂直于墙面放置，顶部有华盖。

| 框架木器师 | 整个王朝都酷爱这种父子相传的工匠们的工艺。例如这里有三个阿维斯（Avisse）、三个古尔丹（Gourdin）、四个克勒松（Cresson，请勿与黑檀木器大师克雷桑 Cressent 混淆），还有蒂亚尔们（Tilliard）、福利奥们（Folliot）以及纳达尔们（Nadal）在整个世纪都很活跃，就更不用说波坦（Potain）、布拉尔（Boulard）、德兰诺（Delanois）、艾尔迪（Heurtant）和舍维尼（Chevigny）了。塞内（Sené）和雅各布（Jacob）在路易十六时期达到了他们的顶峰。雕刻师虽然与木器师合作，但没能在其精美的作品上留下签印。其中一些人也制作护墙板和镜框，例如皮诺（Pineau）在阿森纳（Arsenal）和德维拉尔酒店（hôtel de Villar）的作品。很多，尤其是安德烈·沃贝尔克（André Verberckt）雕刻的作品更是精美绝伦。 |

波兰床

羽冠饰 ——————

华盖 ——————

床帘 ——————

床罩 ——————

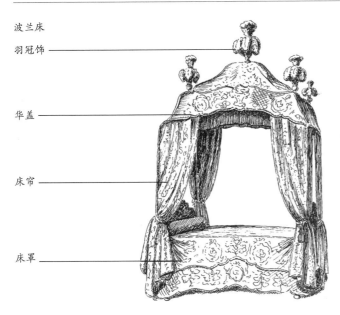

土耳其床

羽冠饰 ——————

床帘 ——————

卷曲的端板 ——————

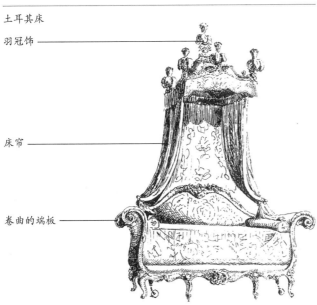

● 羽冠床（见第 27 页）仍然非常奢华，但这个时期的人们认为这种床太大了，正逐渐消失；

● 公爵夫人床和天使床依旧流行。

凹室床约出现于 1740 年，因其平行于墙壁摆放，也叫做横床（lit de travers）。小巧的形体和匀称的比例使它们迅速获得成功。等高的床头和床尾板、望板和床腿皆为彩绘，偶有镀金，颜色要与房间的护墙板相协调。

凹室床的顶端设帐盖，造型随床形而定。

法语中，ciel 特指法式床顶上的华盖；baldaquin 特指凹室床上面的帐盖。

● 波兰床有床头和床尾板，四根床柱支撑帐盖的拱形铁架，床帘自帐盖悬垂，束于角柱。穹顶形的帐盖有一圈精美的线脚饰带环绕。

● 土耳其床除床头和床尾板外，还有一个贴墙的"靠背"。端板［即床头板和床尾板］侧面呈 S 形曲线，其顶部收成悬垂的涡卷状，帐盖固定在墙壁上，床帘悬披在端板上方。

座椅

● 扶手椅、靠背椅、长椅和午休床，品种繁多，不胜枚举。造型虽然轻雅，但绝不影响舒适感，其装饰和线脚极尽精雕细琢之能事。

弹力绷带和弹簧的发明，使得座位

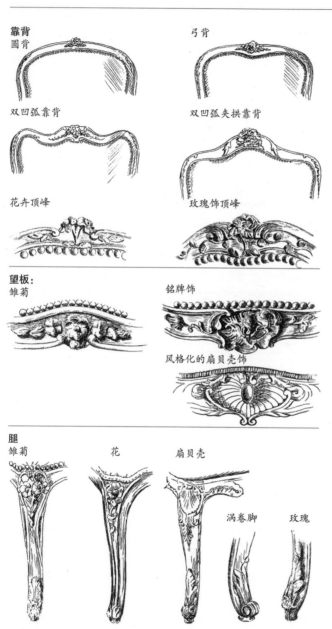

靠背
圆背

弓背

双凹弧靠背

双凹弧夹拱靠背

花卉顶峰

玫瑰饰顶峰

望板：
雏菊

铭牌饰

风格化的扇贝壳饰

腿
雏菊

花

扇贝壳

涡卷脚

玫瑰

更加柔软。

此类家具初期由榉木、胡桃木或橡木制作，以数种颜色涂绘。天然木色仅限于普通的椅子和藤椅。雕刻最复杂的家具有时鎏金。在这个时代的末期，白漆或者清漆家具开始流行。

雕花的蜿蜒曲线极为醒目。椅子的质量可以通过其柔顺的线脚、和谐的腿部曲线，以及各部件之间精巧的关系来判断。

靠背通常只到肩膀的高度，以防止破坏女士们的发型；其中的一个例外是人们可以坐在上面打瞌睡的扶手椅（包括贝尔杰尔、舒适椅）。如果椅子的靠背为平板式，通常被称为王后椅；如果椅背略向后弯曲，则称为轻型马车椅。这个时期所有靠背的两侧边缘都略微向中心弯曲（类似小提琴形状）。

搭脑会处理成很多不同的样式（见左图）。

椅腿呈轻柔的 S 形弯曲并装饰茛苕饰，末端带茛苕叶的涡卷脚也称罗基亚尔脚，腿间的横枨已经识趣地消失了。

所有形制的座椅都可以使用藤编材料。

轻型马车扶手椅是最常见的形制。椅背轻微向后凹曲，两侧边框向内弯曲。很容易移动，是理想的社交椅。

贝尔杰尔扶手椅矮而深，封闭式扶手 [扶手到坐面之间的侧挡部位是封闭式的，而佛提尤椅扶手下侧是通透式的]，以绷带撑起的羽毛厚垫使其格外

扶手椅和靠背椅

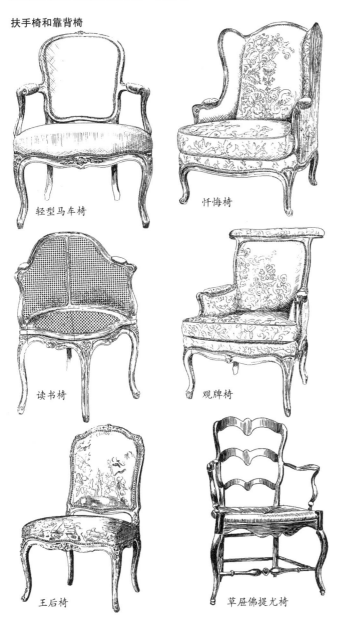

轻型马车椅

忏悔椅

读书椅

观牌椅

王后椅

草屈佛提尤椅

舒适。这种椅子还有几种变体：

● 贡多拉式贝尔杰尔椅有很高的扁拱形靠背和短扶手；

● 忏悔椅式贝尔杰尔椅平板靠背上方两角有一对前凸的翼或者耳朵；

● 观牌椅的椅背搭脑处有一条肘垫，可以俯身于此处观看前面坐着的人打牌。

舒适椅，椅背不露木，它有一个坐垫、圆桶形靠垫和软包扶手，使椅子坐起来尤为舒适，也因此而得名。

侯爵夫人椅是一种很宽的贝尔杰尔椅，它有可以容纳两个人的矮靠背，所以也被称为半卡纳菲椅。

读书椅，通体露木，有一个圆弧形矮靠背（贡多拉式靠背），通常以藤编或者皮革制作。尤为特殊的是四条腿的位置：椅腿在前侧中心位置，用来支撑前侧弓形的座框。

草屈椅，彭巴度夫人使其成为当时的时尚，用途极广。四条弯腿由纺锤形横枨加固，开放式靠背有三至四个弓形横档，细长蜿蜒的扶手以缩后的涡卷托架形支柱支撑。

X形交叉腿的**折叠凳**此时只有在礼仪厅方可见到，而其他凳类使用较广，最流行的形制带有四条弯腿和雕花座框。

靠背椅（无扶手）的形制与同期的扶手椅相似。

观牌椅矮椅背上面有一条肘垫，以便观看纸牌游戏。

长椅
土耳其式长椅

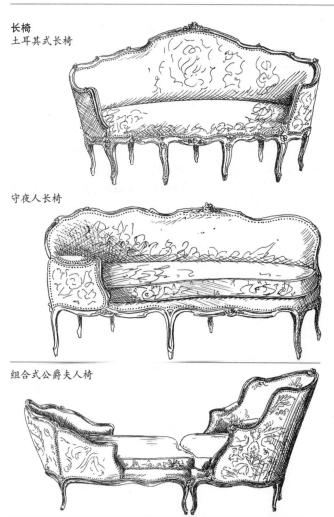

守夜人长椅

组合式公爵夫人椅

壁炉屏和折叠屏风

● 防火屏包括内外两个框,一个由线脚制作的带雕花顶峰的框,里面镶一个绷紧织物的框。有些还装配了带转轴的活动烛台和可折叠的阅读架。

● 折叠屏风,部分露木框,也有的不露木,由三到四扇上缘为弧形的屏风联成,通常和临近的家具采用相同的面料。

长凳,处理方式与同期的其他座椅一致,都有雕花的座框和弯腿。

卡纳菲椅为路易十五式长椅,在当时极为流行,整体轮廓类似同期的佛提尤椅和贝尔杰尔椅,特点是曲线形的木制框架,通常有六条或八条弯腿和连背扶手,扶手为开放式或封闭式,带肘垫。它们像轻型马车里一样通体软包,或者像贝尔杰尔椅一样覆盖羽毛软垫。其中一些与众不同的变体被赋予了令人回味的名字:沙发带有很低的座位;土耳其长椅的靠背向前弯曲呈篮子状;醉酒椅的造型则更加封闭;守夜人长椅放在壁炉边,有倾斜的靠背,尾端开放(无扶手或者床头)。

午休床。若两端靠背式扶手高度相同则被称作绿松石床,仅有一侧靠背的午休床也有制作。它们由舒适的床垫、靠垫和圆柱形靠枕组成。

扶手躺椅。介于卡纳菲椅和午休床之间,是一种[坐面向前]加长的、非常矮的贝尔杰尔椅,有羽毛床垫、靠垫和圆柱形靠枕。

与其类似的船形公爵夫人椅是一体的长椅,脚椅的部位形似低矮的贝尔杰尔椅。相反,组合式公爵夫人椅由如下几个部分组成:主椅是贝尔杰尔,另加一个中间凳和一个矮贝尔杰尔式脚椅。还有一些实例没有中间凳,而替换为加长的脚椅。

坐便椅被广泛使用。椅子下部设硬

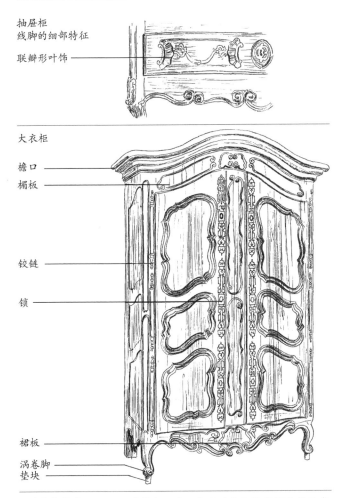

抽屉柜
线脚的细部特征

联瓣形叶饰

大衣柜

檐口

楣板

铰链

锁

裙板

涡卷脚

垫块

飞桌和佐餐桌

路易十五有一个广为人知的雅好就是飞桌：其餐厅有一个带玫瑰饰图案的地板，给出信号后，拼成玫瑰饰的地板滑开露出开口，一套餐桌通过开口从地下的房间升起。每次使用，餐桌下降后再升起需要重新设置一次。路易十五还采用了佐餐桌，设计目的是在私密晚餐时避免仆人的打扰。佐餐桌下设两层搁板，顶端设一个餐具抽屉和一个放酒瓶的锡制冰酒桶。

木制作的箱，以雕花镶板和线脚装饰，由短弯腿支撑；靠背和盖子（坐面）等露木部分通常为藤编制成，但也有存世的实例带有精美的镶嵌和装饰板。

桌

桌子由硬木制作，尺寸、轮廓与黑檀木器师制作的桌子基本一致，腿部末端为涡卷形脚，有木质脚套或用小型的莨苕叶装饰腿脚，脚底设垫块。生动的望板用线脚装饰，填充浅色连续图案和精美的雕花。

餐桌为圆形或椭圆形，覆盖落地桌布。现在的所谓的"路易十五式餐桌"实际上是 19 世纪的发明。

柯默德柜

同样，它的体量和线条与镶嵌细工装饰的柯默德柜[指黑檀木器师的作品]一致（详见第 61 页），但是极少有或者没有铜件装饰，偶尔的例外是锁板和拉手。盖板为木制，以线脚强调其抽屉和裙板的形状。

注：框架木器师也用硬木制作梳妆台、施芬奈尔桌、角柜、平板书桌、翻盖书桌和夜桌，形制与同期黑檀木器师的作品基本一致。

大衣柜

大衣柜、两件式餐具柜、单门立柜

和瓷器柜一样，皆为硬木作且没有青铜件装饰，它们唯一的金属饰物是一种两端带有镟木装饰的细长铰链，以及线条优雅的细长锁板，锁板有很多还是镂空的。

路易十五式大衣柜、单门立柜及两件柜的设计理念基本相似，它们不再采用爪球脚或喷出的檐口，对应的基座也不再使用鲜明的线脚。

矮柜 此时高约 39～51 英寸（约合99～130 厘米）。多为木作，底座为带线脚的台座或者涡卷托架形短腿。厚大理石面板下设两个抽屉，两扇柜门中间设置一个线脚装饰的固定立柱，称为门间柱。此类家具的通用配置与完整的路易十五式大衣柜相似。

瓷器柜 为两件式，下部是一个矮柜，上部缩位放置一个三到四层的格架，格架有完整的背板，层板前缘凸曲，

边沿以线脚装饰。

秘书柜 是翻盖桌（见第62页）和抽屉柜的结合体：其下部形似弓形柯默德，上部是一个带翻盖的箱。偶尔也有实例上部是一个窄柜，类似荷兰秘书柜，此类型的实例有时带镶嵌装饰。

豪华箱式家具

黑檀木器师，与制作硬木家具的框架木器师（见第50页）的区别在于，他们专注于使用贴面饰板和镶嵌细工装饰的箱式家具。路易十五时期的法国家具以其独特的构思和精湛的技艺著称，诸如克雷桑、奥本（Oëben）和克吕斯（Roger Van der Cruse）等名字将被钟爱法式风格的人们永远铭记在心，他们的镶嵌工艺和造型设计的创造力皆表现出非凡的水平。

黑檀木器师

法国黑檀木器师供不应求，导致很多外国工匠定居在法国。在装饰家和客户的引导下，他们适应了法国品味，对这个辉煌时期的家具生产做出了巨大的贡献。

• 在路易十五时期，克雷桑继续保持其在摄政时期即巴尼声远播的卓越品质。他对新风格控制有度，被尊为大师（作品收藏于卢浮宫）。

• 奥本（Oëben）经常为侯爵夫人蓬巴杜工作，是这个时期最伟大的黑檀木器师之一。尽管他英年早逝，但是他制作了很多非同寻常的家具，特别是为路易十五定制的卷筒书桌（藏于凡尔赛宫），其中一些还设计了暗门和假背板。他的柯默德柜带有品质极佳的镶嵌细工面板、转角及足端的镶青铜饰件。

• 米容（Migeon）家族（祖孙三代）拥有一个大工坊，儿子皮埃尔是家族中最有名的成员。他一直在他所从事的领域中处于创意的领先地位，培养了许多工匠。虽然他擅长小

家具的制作，但对风格的把控最为卓著（作品收藏于卢浮宫和巴黎装饰艺术博物馆）。

• 古贝尔（Joubert），米容的表亲，在奥本死后被封为御用黑檀木器师。生来谨慎的他，力图缓解一些同代人的过度设计。他的菱形镶嵌尤为精美。

• 克吕斯在米容的车间里工作。他组构了非常美丽的异国情调风景画并且让柠檬木与黑檀镶嵌成为时尚（作品收藏于卢浮宫、巴黎装饰艺术博物馆和凡尔赛宫）。

• 雷森伯格（Bernard Van Riesen Burg），深受中国风热潮的影响，他制作的家具极为奢华，以强烈的曲线美和对中国大漆的运用而著称（作品收藏于卡蒙多博物馆和巴黎装饰艺术博物馆）。

• 约瑟夫·鲍恩鲍尔（Joseph Baumbauer），御用黑檀木器师。他为洛可可情调注入了独特的活力和稳定性（作品收藏于凡尔赛宫）。

桌子的特征性细节

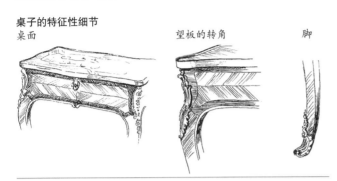

桌面　　　　　望板的转角　　　　　脚

女红桌　　　　　　　　　　　　　　鼓桌

每种游戏都有专用桌	三角形为三人派对准备、方形对应四人游戏，方桌的桌角为凸出的圆形作为烛台架、五边形对应五人纸牌游戏的布勒朗桌（brelan），以及可以旋转的皮盖牌桌（piquet）和镶嵌双陆棋盘的棋盘桌，这些游戏桌或包天鹅绒桌面或蒙桌布。
梳妆台的附件	经常在梳妆台上找到的附件有：两个椭圆形放手套的托盘；一个水壶和椭圆形水盆；两个香水罐；香粉、面霜、美人痣等胭脂盒若干；一个腮红盘；一个假牙罐；一个带把手的烛台；一面镜子；一个唾盂；一把梳子。

桌

在路易十五时期，镶嵌细工和大漆装饰的桌子数不胜数。娇小、亲昵、精巧，这些家具既实用又美丽。

当时的能工巧匠极具天赋，桌子的设计无穷无尽。抛开那些珠宝桌、游戏桌和梳妆台，我们只描述最普及的样式，当然，它们有很多基础配置也可在其他细工镶嵌的桌子上找到。

桌面：呈方形、长方形、椭圆形或圆形，皆喷（宽）出支撑框架；边沿通常做轻微倒棱［削去棱角］，或者环包紫铜或青铜线脚。

望板下缘为曲线形，带有精致的镶嵌细工装饰：花卉或植物的卷须，以及连续地纹。

腿部皆为弯曲造型，细瘦而精致。足端为雕花的鎏金青铜脚套或带垫块的涡卷脚。腿部摆脱了横枨以后更加凸显其优雅和轻盈。

路易十五**女红桌**为圆形或长方形，大理石或镶嵌细工面板下方为收纳格或小抽屉，以三或四条浮雕棱线的弯腿支撑，弯腿间也有搁板作为横枨。通常，桌面底下还可以拉出一个用来写字的抽板。

- 有些桌板可以移开，展示下面的收纳格；

- 其他的为固定桌面，下方有两到三个小抽屉，有时设内置收纳格；

- 偶尔腿间无搁板。

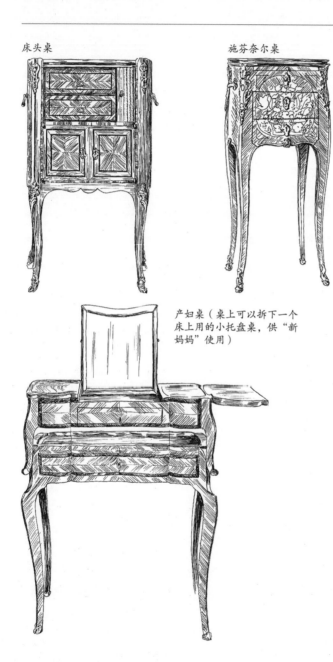

床头桌　　　　　　施芬奈尔桌

产妇桌（桌上可以拆下一个床上用的小托盘桌，供"新妈妈"使用）

芸豆桌或者腰子形桌的桌面形似月牙。主要作为室内装饰，可用来放托盘、烛台或者放一些小摆件。

鼓桌整体呈圆柱形，有带紫铜件装饰的圆形大理石桌面和弯腿。圆弧形合页门内藏三个小抽屉或者一个大储物格。

写字桌仍然较小。活动桌面下有纸、墨水、干粉、印章和火漆。写字桌正面及两侧各配有一个用来写字的滑动抽板，抽板以天鹅绒或者皮革包面。

床头桌：为了方便搬动，床头桌的两侧各有一个青铜把手。箱体由下向上依次为内设搁板的两扇对开小门、一个带卷帘门的收纳格（或两个抽屉）和大理石面板，门板和抽屉面板皆以贴面或镶嵌细工装饰；除了正面，其余三侧的箱板皆高于桌面。腿为较短的弯腿，同其锁板一样由青铜件装饰。其简版的变种为一个敞开式的储物格，带四条长弯腿，两侧挖洞作为把手。

施芬奈尔桌（chiffonniére，即杂物柜，请勿与施芬尼柜 Chiffonier 混淆，见第 63 页）是一种小型的便携桌，细长弯腿上的小箱设竖排三个抽屉，面板下设一个滑动抽板；顶部的抽屉侧开，另外两个抽屉前开。装饰为镶嵌细工和（或）大漆板，此类桌子常镶珍贵的青铜饰件。

产妇桌（桌上带一个可拆卸的床用小型托盘桌，供"新妈妈"使用）极为

梳妆台

托架桌

优雅精巧，由两个独立的部分组成：一个单抽屉桌和一个置顶的床用托盘桌；基座桌有时为敞开式设计，并且设有一对拉转烛台。托盘桌常设镜子和化妆罐。

注：产妇梳妆台（带可拆卸式床用托盘桌的梳妆台）也有生产，但极为罕见。

梳妆台，尺寸较小，是一种珍贵的家具。其装饰的青铜饰件比同期的柯默德柜少得多。

注：有时候，梳妆台的台面被设计成蝴蝶形、月牙形、腰子形或者心形，心形的台面可容纳两个男伴同坐，一边一个。

托架桌

自路易十四时期开始，这种家具即为成对出现，形式包括涡卷托架式的桌子，或者带涡卷托架形桌腿的桌子。托架桌固定在墙上，所以不属于诸多木器家具的一部分。此类家具为木制，通常镀金或绘成与邻近的护墙板相协调的色调，抑或是采用自然色（粉玫瑰、绿叶、白雏菊等）涂绘。

通体满雕，分布精妙的繁复曲线爆发式地展示在这类家具上。狭长的大理石面板边沿刻线脚修饰，其前缘造型肆意弯转。

依照桌面的长度，可以在任何位置配置一到六条，甚至八条腿。随着时间的推移，后腿逐渐消失，而前腿的曲线变得愈发显著。

注：托架桌上从不烫签印，它是不同领域专业匠师（框架木器师、建筑师、装饰师和金器师）的合作成果。

书桌

平板标罗有长方形的书写位，表面覆摩洛哥彩色皮革，边缘以泡钉保护；面板的边角包镶青铜或紫铜制四分圆线脚。共设三个抽屉，中部抽屉凹陷，两侧的抽屉与望板平齐；抽屉镶饰精致的青铜镂雕水叶饰线脚。锁板、拉手、搭扣在转角处的角饰以及脚套，皆以镀金青铜雕花制作，主母题为莨苕叶。

注：桌面的一端会放置一个小型文件格或者文件柜，内有一个小抽屉和几个层板。

驴背标罗（斜面秘书柜、翻板秘

书柜、凸肚秘书柜是同一类型书桌的别称）尺寸很小，每一个面皆以精美的镶嵌细工和大漆板装饰。

造型长方，弯腿支撑，望板内设一至三个小形抽屉。皮革或天鹅绒桌板带铰链，打开后可以获得双倍的书写面，并露出隐藏的鸽笼式文件格，相同大小的文件格紧贴箱体的背板。使用时，活板以两条垂直的木制滑轨或折叠的金属支杆固定。

腿、足及锁板以青铜件装饰，后者有时位于折叠桌板上。

这种形制的很多变体也是路易十五时期制作的。

幸福时光桌不似路易十六时期那么普及，弯腿抽屉桌的桌面上设一个直立的卷柜，柜子的卷帘门可以滑入或缩入一侧。有时，这些门为硬木制作并带有镶嵌装饰。

嘉布遣会桌，也称勃艮第桌，正面形似柯默德柜。桌面纵向一分为二：前部半扇为活板，打开后作书写板；若后半部同样打开，弹簧机关可将隐藏在下方的鸽笼式文件格或者横格升出。桌子侧面设暗屉。

卷筒标罗（意为卷顶桌或圆筒桌），构造很像驴背标罗，有明屉及一套后置暗格。卷筒为卷帘门式或用硬木制作，仅一个简单的操作即可使其落下，并闩住抽屉。这种书桌的形制是御用黑檀

翻板秘书柜

凡尔赛宫的卷筒标罗

木器师让－弗朗索瓦丝·奥本（Jean-François Oëben）在1750年左右发明的。最绚丽的卷筒标罗现收藏于凡尔赛，而品质极佳的另外两件现存于不列颠（伦敦华莱士收藏馆、沃德斯登庄园）。

翻板秘书柜或衣柜式秘书柜是中世纪传承下来的形制，一直延续至路易十五后期。它专为靠墙设计，结构为两件式：

- 下半部分，隆起的短腿上方设两扇合页门或者移门，内藏抽屉和架格（以确保安全）；

- 上半部分，顶端为前缘雕线脚装饰的大理石面板，面板下方为一扇翻板活门（翻开后可作为桌板）或两扇移门，内藏一组抽屉和暗格；后期也有桌板从门底抽出的实例。通常上部后缩，并设一个明屉。

所有的此类家具皆装饰精美的镶嵌细工，以及青铜锁板、脚套和转角饰件。

柯默德柜和施芬尼柜

路易十五式柯默德柜精致典雅，造型多样，件件美丽。三个特征尤为突出：匀称的线条、优良的材质和精美的装饰。

箱体正面没有平面式的，而是适度的隆起，与其腿部曲线协调一致；其侧面的处理方法与正面相同。

弯腿镶饰雕花青铜件，但有时后侧为直腿。最佳的实例为中间抽屉正好位于其凸肚弧面的最高点。

长腿柯默德柜

落地钟

施芬尼柜

角柜

这一时期柯默德柜最常见的镶嵌母题为花卉、枝上的鸟和战利品徽章。采用大漆板装饰的实例很少。

青铜件对路易十五式柯默德柜的外观起到关键作用，表现为护角、护肩、拉手、锁板和脚套；有时用镂刻的线脚在其正面勾勒出铭牌饰的轮廓，以突出其凸肚的曲线。若青铜件能够完全融入整体造型和装饰图案则为极品。

抽屉面板通常是连续的，抽屉间的横梁隐藏做内部结构，增强了整体的装饰效果。但是基本设计还是要服从形式的变化。

路易十五时期的**摄政式柯默德柜**和摄政时期的区别在于其青铜件；此外，尤其是路易十五后期，抽屉之间没有横梁。

长腿柯默德柜通常只有两个抽屉，纤长的弯腿让其轮廓更加优雅。

修女柯默德柜，体态修长，有三个抽屉和短腿。

托架形柯默德柜呈鼓肚形的轮廓下方收窄，顶部盖大理石面板。上边一排抽屉内凹，中间的抽屉外凸，底部的抽屉内缩。腿短。

施芬尼柜，比柯默德柜窄且高，大理石面板下竖排多个抽屉。其仪态之优雅令人垂涎。

角柜

角柜，也叫安考尼尔（ancognure）或者夸尼亚德（coignade），制作手法酷似同期的柯默德柜。同一名称也惯指嵌入式的墙角柜，个头相当高，为两件式，其线脚和颜色依照室内装饰而定。

角柜成对制作，融合了优质的镶嵌或大漆板及青铜件装饰，有一或两个弧形门，其周围带固定的门框。其优雅得益于隆起的短腿和蛇形裙板。顶部大理石面板前缘刻线脚装饰，造型与其下侧柜面的弧线相呼应。有时在盖板和柜门之间会设一面镜子。

最初，角柜的顶上会放置一个三棱柱形的角格，用于陈列瓷器或其他珍贵物品，但这些家具太过脆弱，几无存世。

书柜

路易十五式书柜现存极少，多为贴面或镶嵌细工装饰；矮而宽，有大理石面板和两条弯腿。柜门轮廓优雅通透，装黄铜窗格。

注：硬木书柜的主体多为木作，其上部的搁板呈小型阶梯状，搁板边缘以蜿蜒的黄铜件装饰。

长箱钟

就其高而雅的造型而言，这些作品应当视为家具。其贴面以镶嵌或大漆装饰，有时也涂饰马丁漆，转角、腿和冠镶饰优美的青铜件，其边缘以紫铜或青铜嵌条凸出。在法国，这些钟也称为落地钟或基准钟。

注：长箱钟也有硬木制作的实例。

我们的银器，扭了一圈又一圈，好像方形圆形都没用了，我们的装饰是最极端的巴洛克风格。

——布罗斯［法国作家，第戎议会主席］

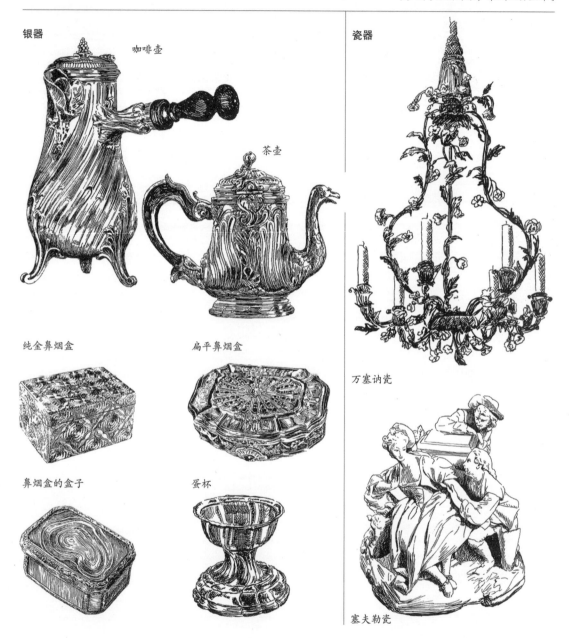

银器

咖啡壶

茶壶

纯金鼻烟盒

扁平鼻烟盒

鼻烟盒的盒子

蛋杯

瓷器

万塞讷瓷

塞夫勒瓷

彩釉
鲁昂彩陶

马赛彩陶

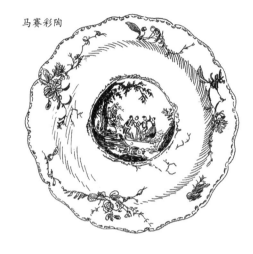

比利时穆斯捷彩陶

甘蓝桥彩陶

卡泰尔壁钟

贝壳饰卡泰尔壁钟

气压表

花形壁灯

壁炉柴架

枝形壁灯

面粉箱

烛台

壁炉框

路易十六风格

1760～1789

这更像是让·雅克·卢梭风格，而非路易十六风格。路易十六勇敢却又柔顺，敏感但又执拗，这种性格更像是工匠而非其资助人。此外，与此风格相关的趋势早在他继位的十五年前即已出现，而后在击倒他的大革命初期衰落。尽管如此，路易十六的温和、简朴与王后玛丽－安托瓦内特的欢快，皆融合在这个时期的装饰艺术之中，这个时代厌倦了异国情调的风雅和洛卡尔无序的繁茂，拥抱新鲜和轻松。

对创意的不懈追逐已经疲惫，对理性的崇拜重新点燃，大革命的祭坛即将筑起。人们抛弃了女主人长期统治下封闭而温暖的——也由此而铸成大错的——城市生活，渴望呼吸新鲜的空气。不管是卢梭的《新爱洛伊丝》中所描述的真实乡村，还是凡尔赛小特里亚农宫的伪乡村，田园生活皆成为新时尚。都市的庆典礼堂和联排别墅被乡间小屋所取代，崇尚自然的优雅超越了人工雕琢的兴味。在外省的沙龙，大革命的演员：米拉博、丹东、罗伯斯庇尔已经准备就绪，空气中弥散着自由的气息。

这种自由的辉煌血统被激活了。直到此时，对于古典的理解仍然只是通过对罗马和雅典的遗迹、历史上伟大的文学作品以及罗马帝国时代雕塑的臆测而得。庞贝遗址的发掘，突然揭示了公元第一个百年里日常生活的种种细节，颠覆了那些学术化的概念。人们开始领悟到普卢塔尔克（Plutarch）[古罗马的希腊史学家]笔下的社会世界中的英雄们既不沉稳也不壮阔。相反，他表达了一种幼稚的优雅和理性的直率。

当然，此时的质朴，距离真的自然还非常遥远。宫廷风格——绝对君主所特有的庄严、浮华和盛大——与之相对抗的是对逃离、亲切和童真等与日俱增的渴望。室内装饰也反映了这种深刻的矛盾：越来越多地，家具去掉了洛可可的繁累和巴洛克的冗沉，所有多余的装饰皆以花束取代，不过却略显牵强。同样，线条也变得更加拘谨，故而又产生了一种新的沉重：尽管努力地追求"自然主义"，但结果却是事与愿违，反而弄得僵硬和造作。

在所有的可能中，对于旧体制[指文艺复兴到大革命以前的制度]而言，最不可能的就是未经痛苦的剧变就会实现资产阶级的平等与共和国的博爱，只有暴力革命的风暴才能扫去那些旧习惯和根深蒂固的旧习俗。

国外
英国：
亚当风格
意大利：
新古典风格
西班牙：
卡洛斯四世风格

每个人都会追赶时尚：疯狂地引入它，合理地接受它。

——18世纪歌曲

家具

镶嵌细工

卵箭饰缩角及玫瑰饰

针对路易十六式家具的研究显示，当时的装饰语汇发生了意义深远的变化。社会习俗依旧保持不变，家具品类仍然丰富多样，而每一个设计皆为满足一种精致文化的特定需求。对古物的模仿相当自由，在古典情趣的影响下，充满了幻想的成分。正是这个转变使得路易十六式家具博得了颇高的声望。

造型变得刚硬，装饰也发生了变化，但书桌、柯默德柜和小桌子的基础构架仍保持一致。故而，再去描述一次翻板秘书柜、梳妆台和小桌也略显无趣；请读者参考路易十五风格的相关章节（第46～63页）对这些形制的描述。在此，我们仅提及那些新生的特征。

城市市场的家具依照其既定的方向装饰，由宫廷委托的作品往往相当奢华；尽管其造型优雅、装饰精巧，用今天的眼光来看似乎还是有点过度。

材料和技术。 橡木被用于制作硬木家具、镶嵌板的底坯，装饰木雕和一些特定的椅子。

胡桃木、白蜡木和瘤纹胡桃木被用于制作座椅或和便携家具。

桃花心木变得非常时尚。带有云纹、点斑纹（类似"葡萄干布丁"）、碎浪影纹或雪尼尔影纹［带白影线］，不论是用于贴面还是硬木家具，其炫美的纹脉和其他不规则的纹理皆具优势。

黑檀在路易十四时期开始失宠，此刻再次兴起，各种果木仍然在用。

应特别提及的是椴木，这种木材在路易十五时期鲜见使用，多用于路易十六时期。

● 木制家具多为彩绘。座椅和镶板涂浅色，装饰为高光的金色或其他对比色；

● 镀金木仅为仪式用座椅、托架桌和镜框所用。

在路易十五时期迅速发展的彩木镶嵌，继续展示相同的材料和技术，但总体来说，偏向暗淡。

几何图案猛增，但花束、人物和田园风景画也很常见。菱形网格和棋盘格纹样、交织纹、玫瑰饰、希腊回纹以及缩角［委方角］的长方形用于强调家具的结构。若有中心母题，则置于长方形或圆徽形区域内。

镂空的围栏

垂式拉手

经典式

花环式

垂缀式

锁板

装饰
丝带结

直线成了新风尚，镟木元素再次普及。

椅子和各类家具的腿和垂直支撑部件车镟成各式形状，类似纺锤形（en fuseau）、箭筒形（en carquois）、圆柱形和栏杆形。

大漆和马丁漆的使用与前一时期相同。

瓷板通常镶设在面板中。花几、桌面和落叶桌的桌板上镶圆形、方形、椭圆形或长方形的塞夫勒白底瓷板，瓷板的内容为花束、花环、动物或田园风景画；路易十六末期，极度精致的韦奇伍德蓝底白像浮雕瓷板也有使用。

紫铜以非常独特的方式使用：如镟木腿上的铜箍；突出面板、线脚及凹槽的嵌条、桌面上的镂空围栏等。还有一些锁板也是紫铜的。

钢材开始用于装饰，特别是作为底板衬托镂空的青铜和紫铜饰件。有时，在望板上使用钢制牌匾；偶尔也有杰瑞登桌的三脚架完全用钢材打制。

锻铁在家具中的使用灵感来自庞贝和埃科拉诺（Herculaneum）遗址挖掘出来的古器。

青铜件几乎应用在所有的路易十六时期的家具中，但工艺和功能上与路易十五时期略有不同，它们像珠宝一样精美，其观赏性远高于功能性。

这个时期的配件小而精细，接近金匠的作品，而且基本上都是对称使用，如望板、角饰、脚套、拉手和锁板，它

们的形制源于：

● 古代遗址：齿状饰、联瓣纹、交织纹、卵箭饰、心箭饰、希腊回纹、鳞片纹、月桂和橡树枝的卷须饰、珠串饰；

● 软装饰：模拟垂缀饰、水果垂花饰、流苏、绳纹、排苏和丝带结；

● 自然：花卉、水果和动物等所有自然界的事物，但精细到极致的细节没有影响整体的优雅。

皮埃尔·古蒂埃（Pierre Gouthière）是这个时期技术最高超的青铜匠，他完善了哑光镀金技术，可使青铜看似金料。

大理石偏爱白色、灰色，或者带花纹的红色，皆手工制作，用于施芬尼柜、柯默德桌、部分书桌和桌子的各种变体。

装饰

线条。复古首先等同于直线的回归：严格的垂直线和水平线就是此时的规则。蛇形线不可容忍，只保留偶尔使用的半圆或椭圆。

室内装饰也服从这种严谨的格调，结果是平面直角重归时尚。

装饰的作用是缓和这种僵硬，但它从不干扰基本线条，而且总是倾向于以中心轴对称设置。即便如此，黑檀木器师还是经常切去前转角，以免过分死板。

线脚，更薄更优雅，不再像过去那么明显，灵感皆来自古代遗址中的范例；

立体图案和空间的巧妙平衡、边框元素的合理使用，让所有的表面尽显和谐。

护墙面板多为正方形、长方形或带拱顶，并且伴随着玫瑰饰和莨苕饰。

植物的枝叶呈交织或卷须形态，垂直横向排列，或者缠绕于芯棒或树枝上。

镶板，经常为长方形或弧形的委角装饰小形玫瑰饰圆花。关于镶板的中央母题，路易十五风格的图案仍会出现，但是不成体系；路易十六时期的特征性装饰元素为悬垂的花束挂在丝带结、古瓶或者古陶罐（有花叶装饰）的拉手上，这些装饰位于镶板的顶部和底部。家具镶板皆用此类构图。

装饰母题：路易十六风格的装饰灵感来自古代遗址、路易十四风格和自然。

路易十六风格的特征性元素：鳞片纹、扭索饰、双弓形绳结、燃烧的火盆、贴在榫块上的青铜条纹牌匾饰、连续重复排列的小型母题（玫瑰饰、珠串饰、卵形饰），最后是悬挂在丝带结下面的战利品徽章或花卉圆徽饰。

古典母题。这些纹样经过各种处理后，几乎用于所有的风格，包括：卵箭饰、心箭饰、水叶饰、莨苕饰、联瓣纹、交织纹、希腊回纹、卷须饰、月桂枝和橡木凸圆线脚，束带线脚（路易十六时也称十字条带）、丰饶角。

建筑母题。此类元素用作支撑部件和装饰，包括：凹槽纹、缆索纹（如

果末端收于叶芽，也称芦笋饰或者蜡烛饰）、壁柱（刻凹槽或不刻槽）、圆柱（附墙式的或者独立式，或为女像柱替代）、涡卷托架、战利品象征徽章和滴珠饰（规则分布的水滴，可产生视觉立体感）浮雕。

古代遗址出土的文物：古瓶、方耳陶壶、三脚架、燃烧的火盆、齿状饰、玫瑰盘饰（古代的玫瑰饰）、鹰、海豚、公羊头和狮头、克迈拉兽、海妖塞壬、格里芬兽。

人像。常以卷须和浮雕形式出现。在路易十六时期的作品中，女性面具头发蓬松佩戴打结的丝带，此外，娃娃面具也有使用。

自然元素：精致的连枝涡卷、缠绕束带的橄榄和橡树枝叶、两端悬垂花叶的短垂花饰、月桂枝花环、常春藤，以及花卉、松果、石榴、酒神权杖［末端为松塔形，是希腊酒神狄俄尼索斯的权杖］等。

注：田园和战争的象征符号，以及重新兴起的狩猎、垂钓、音乐、宗教、科学和爱情游戏主题的使用都很频繁。

框架和硬木家具

如同路易十五时期，框架木器师负责制作床、座椅和优质的屏风。专攻此类家具的艺术大师，善于赋予这些家具优美的造型和细腻的装饰。

装饰

心箭饰

月桂枝

卵箭饰

串珠饰

希腊回纹

装饰

条纹青铜牌匾饰

女像

束带线脚

交织玫瑰饰

垂花饰

卷须饰

火盆

三槽板涡卷托架

松果

战利品象
征徽章

玫瑰饰盘

古双耳陶壶

无论是宫廷还是巴黎上流社会，都曾使用硬木制作的大衣柜、餐具柜和桌子；大多数此类家具皆出自外省工匠之手。

床

路易十六时期曾流行大量不同样式的床，除了之前所述的那些，还有罗马床、中式床、行军床、墓形床和布道椅式床，它们的主要区别在于软装饰。

路易十六时期唯一的一张羽冠床是在其宫殿里发现的。

天使床，没有床柱，垂直于墙壁放置（见第27页和第50页），顶端有一个轻薄的华盖，长帘系于端板上方。两个端板形似同期的扶手椅靠背，顶端为直框或帽形拱框；端板两侧的边框，类似壁柱或古典圆柱（有时刻凹槽，有时没有），柱头由松果、石榴、小型羽冠或者莨苕饰装饰。床腿为锥形、栏杆形或箭简形（见下页）。边板、端板和床腿通常以方形榫块连接，榫块上雕玫瑰饰。

波兰床，基本形制保持不变，其装饰风格出现了变化，背板此时有了直线边框。

带长靠背的**土耳其床**（见第51页），平行于墙，现在用雕花母题装饰。其两侧的端板和床腿类似于同期的天使床。此形制当时也被称为英式床。

座椅

路易十六时期的扶手椅、靠背椅和长椅不如路易十五时期的舒适，由榉木、白蜡木或胡桃木制作，经常涂蜡或以彩绘来匹配环境；这种风格诞生不久，桃花心木也开始使用。镀金的座椅为礼仪专用家具。

路易十六式的座椅及长椅，框架由框架木器大师（行会认证的框架家具制作师）装配，并由雕刻装饰大师（装饰行会认证的雕刻师）装饰，这些家具没有继承前代的蜿蜒曲线；其部件在视觉上很散乱，但组装后的整体结构却很清晰。它们腿足竖直，靠背刚硬，扶手简朴：这种造型出现在路易十五时期，是向新希腊风格转变的过渡形式。

这些座椅的魅力来源于简洁的轮廓及其靠背、扶手和座框上简练而又变化多端的装饰。椅子的靠背，有时为平板式（王后式），有时略微内曲（轻型马车式），顶峰雕丝带结母题。靠背边框简洁，若竖直则经常为小型圆柱，顶端

装饰师	装饰师制作出许多印刷品来传播珍贵的信息

- 德拉福斯（Delafosse）大量使用垂花饰和繁复的涡卷饰，他的风格略显乏味。
- J-F·布歇（J-F Boucher），大画家布歇之子，被认为是"现代主义艺术家"，存世的作品是《洛卡尔》。
- 拉隆德（Lalonde），皇家家具库的设计者，偏爱十字束带和头盔。
- 迪古尔（Dugourd）开创了"伊特鲁里亚（Etruscan）"风格的时尚，是帝国风格的先驱。

经典的路易十六式床

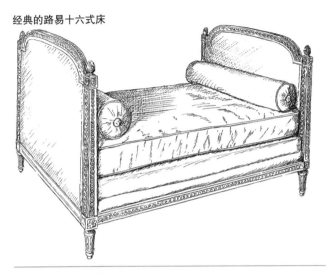

路易十六式座椅靠背

各种直背

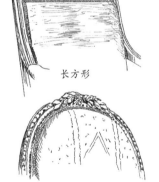

长方形

帽形

顶端带花叶结的椭圆形

各类凹背

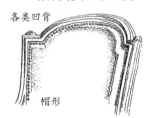

帽形

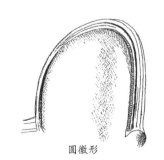

圆徽形

装饰松果或者石榴柱头。

　　平板式靠背可以是方形、长方形、帽形（即缩脚拱形，可视为路易十六式的独有特征）或四角皆有缩进。

　　凹背（轻型马车式）可以是方形、长方形、圆形或椭圆形。如果是长方形，且下方向内收窄，被称为背篓形。

　　椅子的座面有多种造型：圆形、方形、马蹄形、梯形，后边与靠背直接相连，前边和侧边略微弧曲。座框的装饰和靠背框一样，皆体现了当时的仿古典语汇。

　　腿多为直腿。偶见锥形，常为箭筒形（圆锥形带竖直或者缠绕的螺旋线凹槽），若凹槽内插入一定高度的芯棒，即为缆索式。椅腿插入榫块中，榫块同时连接座框，椅腿接近榫块处环形收窄。榫块为立方形连接木件，装饰一个茛苕玫瑰饰、盘形饰或雏菊。

　　路易十六后期的家具，后腿有时为方腿，轻微外撇，但与靠背延续，这种情况称为军刀形，即军刀腿。

　　面料。礼仪用椅包覆博韦织毯、奥比松织毯或里昂丝绸；其余的椅子，最常用的面料是灯芯绒和印花亚麻布。大多数类型的座椅也偶尔使用藤编屉面，或者配软垫。

　　扶手椅的扶手后移，皆配置肘垫。扶手从靠背两侧边框向下弯曲并且向前延展，末端为简单的涡卷状。扶手柱向

路易十六式的腿

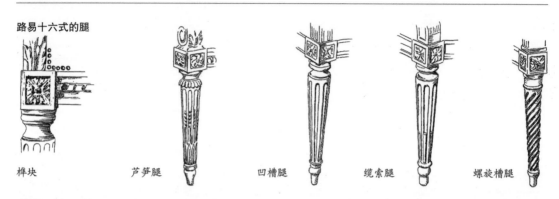

榫块　　　芦笋腿　　　凹槽腿　　　缆索腿　　　螺旋槽腿

路易十六式扶手椅

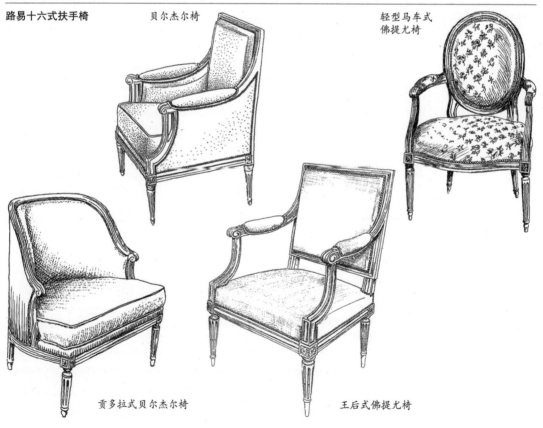

贝尔杰尔椅

轻型马车式
佛提尤椅

贡多拉式贝尔杰尔椅

王后式佛提尤椅

后凹曲上升，其撑座与腿部对齐；雕刻的线脚及装饰与座框一致。若扶手柱为竖直式，则采用光滑的、带凹槽或者螺旋凹槽的栏杆柱。

此时的直背扶手椅（王后式）和凹背扶手椅（轻型马车式）比例匀称完美、格外优雅。

带羽毛垫的贝尔杰尔椅依旧很流行，形制为贡多拉椅、忏悔椅和侯爵夫人椅。

读书椅和理发椅比路易十五时期僵硬，但仍然用藤面。

路易十六式长椅很像同期的椅子，长方形、帽形或圆徽形的靠背，扶手柱向后凹曲上升，下方的撑座与座框平齐。其靠背有时向后弯曲成背篓形（en corbeille）。

和路易十五时期一样，如果封闭式连背扶手的弧线一直延续到前侧望板所在的平面，就被称为土耳其式长椅；如果椅型特别长，两端的扶手外还各连着一个附加座位，则称为知己椅（confidante）。

注：凹室卡纳菲椅在这个时期出现，类似于土耳其床，但其靠背和扶手平直，略低。

长凳和所有的方形、椭圆形、长方形的凳子，都和同期座椅的制作方式相同。在 1770 年代，折叠凳再度流行，玛丽 - 安托瓦内特曾为其贡比涅的行宫订制了四十套。

扶手躺椅，也称为公爵夫人椅，仍为

框架木器师	• 雅各布（Georges Jacob）以其非凡的创造力成为 18 世纪最辉煌的框架木器师。他制作的椅子造型优雅，线脚纤细精实，稀世罕见。他发明了里尔琴（lyre）、麦捆和伊特鲁里亚等靠背形式。 • 布拉德（Jean-Baptiste Bouliard）是早期过渡阶段风格一位有灵气的工匠。他的雕花尤为精美。 • 塞内（Jean-Baptiste-Claude Sené），宫廷框架木器师，作品涉及范围极广。他的家具	通常与雅各布相似。 • 蒂亚尔（Tilliard）制作的椅子以其古典美而著称。 • 迪潘（Dupain）、古尔丹（Gourdin）、勒拉尔热（lelarge）、德拉诺瓦（Delanois）、德迈（Demay）和普鲁文奈（Pluvinet）皆为高级工匠。 • 还应提到的是纳达尔（Nadal）和米沙尔（Michard），他们的名字也印在了很多精品上。
过渡风格的家具	过渡风格的作品异常珍贵，因其同时融合了路易十五和路易十六风格的元素，以及两个时代的工艺技巧。在整体造型发生转变之前，新趋势主要体现在青铜件和其他装饰上，当然造型的改变非常缓慢。 • 几何造型的青铜件、交织纹饰带和希腊回纹装饰的长方形抽屉柜，有时配以路易十五式的弯腿；同时，心箭饰线脚装饰的桌子，	其凹槽腿有时换成了路易十五式的鹿腿。 • 扶手椅，蜿蜒的路易十五式靠背、扶手和座面有时装饰了鳞片纹和珠串纹，并搭配了莨苕叶装饰的车镟腿。 • 相反，靠背、扶手和座面可能是直线型的，但腿部却是曲线型的，并且用方榫块连接至座框上。这种风格混搭的例子不计其数。

座椅

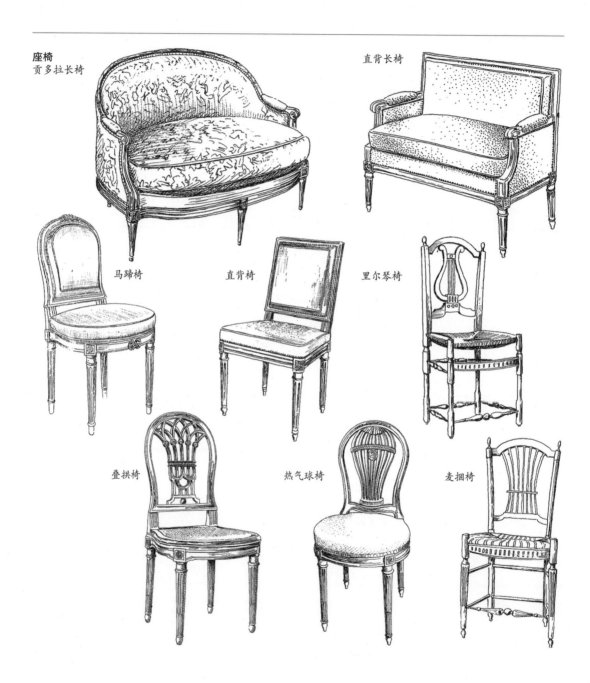

贡多拉长椅

直背长椅

马蹄椅

直背椅

里尔琴椅

叠拱椅

热气球椅

麦捆椅

一体式或两段式，抑或是分成三部分：一个贝尔杰尔椅，一个中间凳和一个脚椅。

在每个方面，路易十五式的靠背椅都与同时期的扶手椅一致。而路易十六时期，木器师们获得了更为自由的创作权限；腿和座面尚还相似，靠背的处理则出现了众多的变化，以扶手椅为代表的有长方形、圆徽形、帽形、背篓形及封闭式扶手；还有开放式结构的木质靠背，新颖的造型包括：里尔琴、麦捆、篮子和极为稀少的热气球形，有些实例用带凹槽的线脚攒成叠拱形图案。

这些木质靠背一般为彩绘、封蜡或镀金。

注：草编座面椅的框架由胡桃木、橡木或常用的果木制作，此时出现了新颖的样式，如拱形或者三角楣式靠背，只用简单的车镟或雕花装饰，薄木条向外弯曲形成麦捆、里尔琴或攒成叠拱纹样。边缘常用串珠装饰，草编座面隐藏在一条狭窄的"裙板"之后，裙板多以沟槽或雕花装饰。

其他硬木家具

硬木家具与黑檀木器师的豪华家具（见 78 ~ 87 页）一样，皆遵循相同的基本形制规范。在某些情况下，仿古典母题的各类线脚被添加至保留了路易十五式的弧面或者凸肚造型的家具中，但随着时间的流逝，家具的形状变得更加朴素，装饰件也更为有限。花卉、枝叶、卷须饰、卵箭饰的线脚、凹槽纹和串珠饰逐渐遍及各处。

● 大衣柜保留了路易十五式的基本形制，但檐口采用纤细的线脚，部分为直线造型。裙板几乎皆为线脚或雕花装饰的蛇形，底部为涡卷托架形脚或者涡卷脚。通常，用希腊回纹饰带及其他古典母题、花卉、卷须饰和莨苕饰搭配串珠饰和凹槽纹。

在一种较罕见的实例中，线脚异常醒目，家具立面两侧切角，切出的斜面刻饰凹槽纹，装饰用木条制作的长方形木牌（模仿紫铜条纹牌匾），或者装饰古瓶纹样，皆可将其判定为路易十六时期的作品。

注：这种混搭出现在矮柜、两件式餐具柜和瓷器柜中。

● 大部分的桌子（不分大小）、书柜和玻璃展示柜皆用硬木制作，装饰简洁、体态优雅。

● 角柜、两排或三排抽屉的柯默德柜、托架桌、施芬尼柜和书桌由胡桃木或果木制成。处理方法随建筑和装饰的发展而演变。

锁板和拉手为固定式或下垂式，由青铜或紫铜制作。腿形类似壁柱；脚为锥形、箭筒形或者陀螺形，凹槽或有或无。木雕的线脚、串珠饰和窄槽清晰地表现在各个部位。柯默德柜、施芬尼柜

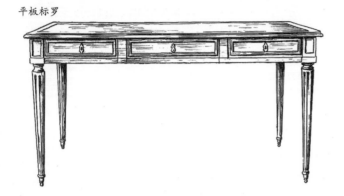

平板标罗

方椎腿　陀螺脚　角柜

带槽陀螺脚

和斜面桌的面板通常为木制，大理石较少使用，面板上没有紫铜围栏。

豪华箱式家具

带贴面和镶嵌细工面板的家具大量生产。此类作品皆装饰仿古典母题（见第70页），这个时代的工匠使用这些母题极为自由，以显示自己与前辈们一样具有创造力。

柯默德柜和施芬尼柜

在路易十六时期，柯默德是不可或缺的，几乎在每个房间里都有配置。此类家具的质量差异值得去充分的了解，以便能够找到真品，因为它们仍然会出现在拍卖会和古董店中。

比例的协调至关重要。箱体的尺寸应该与腿的尺寸一致：一个优质的路易十六式柯默德柜看上去不会很笨拙。

正面皆为长方形，有时中心部位略微凸前，这种情形多见于后期的家具。这些前凸平面装饰青铜件或镶嵌细工板。

侧面及腿部平直。

路易十六时期的镶嵌工艺极为精熟，通常在圆徽形或委角的长方形区域内镶嵌菱格、花束，以及田园或古典的风景画。

桃花心木贴面，特别是带有点斑纹（moucheté）和卷须纹络的镶嵌饰板在路易十六后期应用极广。抽屉面

方椎腿	方椎柱是柱形支撑体，通常为大理石或石制，向底部逐渐变细并有凸出的基座。装饰复杂，路易十六式的方椎腿常刻深槽。
防火屏	此类家具会根据其所处的位置，配合整体效果呈现不同的形态。通常为长方形，其边框多为壁柱、独立的圆柱或者细栏杆柱；脚常为双足式，装饰莨苕叶；顶部和面料与附近的床或椅子接近。

板由细线脚勾勒边框，线脚以镂刻的装饰母题构成。箱体正面转角有时切斜边，斜面顶部装饰垂花或涡卷托架，并以枝叶收尾。

注：几乎没有存世的路易十六柯默德柜使用彩绘构图或者马丁漆，但有许多使用大漆面板：中国的、日本的或者本土的仿品。瓷板也很少用在这些家具上。

大理石是标准配置，通常为白色或灰色，稍微凸出于下侧长方形的箱体，转角喜欢切边或凸圆角。

青铜和紫铜配件比路易十五时期使用得更少，皆对称设置。锁板为盾徽饰、圆徽饰或水平的椭圆形。

拉手为下垂式，通常是环形或半环形；或是固定式，表现为频繁使用的附着在圆徽饰上的垂花饰。

青铜线脚、回纹饰檐板、垂花饰和狮头也很常见。

足端通常穿镀金青铜脚套。

路易十六时期两种基本形制的柯默德柜都产生了丰富的变化：

● 最初，双斗柯默德柜细长略弯的腿迅速被直腿取代。腿形为锥形或方形，较少刻槽，更多的是装饰"假"凹槽；

● 三斗柯默德柜，顶部一排抽屉很扁，有时被横向分割为三个小抽屉。边柱采用壁柱或圆柱（有时刻凹槽），取决于箱体的转角是斜边的还是凸出的圆柱。脚是陀螺脚（偶带槽纹），后期是锥形脚。

这两种基本形制形衍生出许多不同的款式。

门式柯默德柜带两个合页门，隐藏三排抽屉，但是保留经典的三斗制式，此型家具较为少见。

半圆柯默德柜或**月牙柯默德柜**：有两排或三排抽屉，两侧各有一个弧形合页门。较好的实例中，腿的尺寸和箱体

黑檀木器师

我们只能提及路易十六时期最重要的黑檀木器师。

● 让－弗朗索瓦丝·奥本（Jean-Françoise Oëben）是过渡风格中最伟大的创新者。

● 让－亨利·雷森奈尔（Jean-Henri Riesener）由奥本培训，被认为是路易十六时期最伟大的黑檀木器师，他对比例的把握极具天赋。他的设计，结构精巧而不笨拙，精致而不繁琐（作品收藏在卢浮宫、枫丹白露宫和纽约大都会博物馆）。

● 勒勒（Leleu），也是奥本的弟子，他是在凹槽内镀黄铜，以及在壁柱和陀螺脚顶端箍铜环的第一人，其作品硕大却略显乏味（作品收藏在卢浮宫、凡尔赛的小特里亚农宫）。

● 卡兰（Carlin）制作了非常迷人的路易十六式桃花心木和黑檀家具，这些家具因精致的漆器牌匾和青铜配件而大放异彩（作品收藏于卢浮宫）。

● 托皮诺（Topino）、比里（Bury）、德尼佐（Denizot）、吉贝尔（Gibert）、吉尼亚尔（Guignard）、勒瓦瑟（Levasseur）、阿夫里尔（Avril）和欧尼博格（Ohneberg）等，他们的签印留在了一些异常美丽的家具上。

● 一群卓越的德国工匠，特别是魏斯魏勒（Weisweiler）、贝内曼（Benneman）、施威博贝尔格（Schwerberger）和后期加入的伦琴（Roentgen），他们是错视画（trompe-l'oeil）镶嵌专家。

柯默德柜

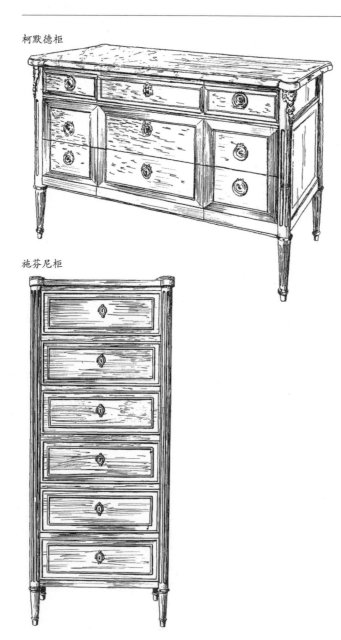

施芬尼柜

的比例很协调。

圆角柯默德柜设两排抽屉；正面平直或略微凸曲，两侧转角做成凸圆角（呈凸出的半圆形）。

托架形柯默德柜通常为半圆形，三排抽屉，顶部抽屉比其他的扁，很像楣板。

施芬尼柜，竖排叠置六至八个抽屉；如果配备七个抽屉（每周一天一个），即为星期柜（semainier）。大理石台面上有时设有三侧青铜围栏，柜腿很短。

注：这些家具也能制作成更宽的样式，那么抽屉会比较扁。

角柜

角柜的变化与柯默德柜相同，其本意即为搭配使用。

凸肚形立面消失了，但有时轻微的前曲面使正面更显生动。两侧切角后形成与墙壁垂直的侧板，纤细的侧板通常装饰镶嵌的凹槽或青铜件。

大理石盖板的形状顺应下侧的箱体。通常，这种家具只设一个单门及其上方的单抽屉。

桌

路易十六时期的桌子与路易十五时期一样出现了很多变化，皆由桃花心木制成，装饰大漆板或镶嵌细工板，桌面可以是圆形、椭圆形、方形、长方形和腰子形。

面板为木板或大理石板，造型对应下侧竖直连续的箱体。望板装饰玫瑰饰、交织纹牌匾、凹槽纹，地纹区面的边框线脚为镶嵌细工或紫铜制作。通常，腿柱的柱头形状（或圆或方）会一直延续到与其连接的箱体及台面，为立面带来动感。

早期的桌子腿部略弯，但直腿迅速流行：

● 如果桌腿截面为方形，则向底部逐渐变细并置于垫块上；

● 如果是圆柱或圆锥形腿，则刻直线凹槽，槽内插芯棒或无芯棒（箭筒腿），或者刻螺纹凹槽。这些是路易十六风格最典型的特征；

● 路易十六晚期，圆锥腿如果不带凹槽，则足端应为陀螺脚或者是紫铜脚，而且柱头装饰小型条纹铜匾。脚下常装脚轮。里尔琴形横枨和 X 形横枨有时出现在小桌子上，这种小桌的桌面通常是椭圆形的。

游戏桌和施芬奈尔桌同样做了符合大众口味的处理，路易十五时期的圆桌、鼓桌（参见第 57 页和第 58 页）现在变成了椭圆形或正方形。

床头桌的腿部和边柱变得更加僵直，但有时仍然带腰子形搁板。优雅的棋盘桌、布勒朗桌 [五人游戏桌]（有时带折叠桌面）、咖啡桌、配大理石或瓷板桌面的茶几也在制作。

路易十六的梳妆台与前一时期（见

边桌

施芬奈尔桌

再过一百年，世界将仍将完整的存在：一样
的舞台和一样的布景，只是换了演员。
——拉布吕耶尔 [法国作家]

布亚特纸牌桌

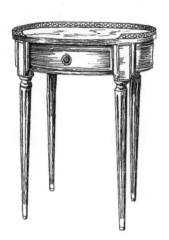

棋盘桌

凸圆角

切角

月牙桌

鼓桌

第 59 页）的区别主要体现在直腿、平直的侧面和桌板上，这些面可能会再细分为更小的长方形。

餐桌被广泛使用：传统的支架桌被可延展的伸拉桌（中间可添加桌板）和落叶桌取代，餐桌皆由桃花心木和果木制成；最常见的桌面形状的是圆形和椭圆形，下有望板；四、六或八条腿，腿形为锥形、箭筒形脚或圆柱形。

月牙桌为半圆形，故可贴合于墙壁，但有折叠桌面，下有带转轴的折叠腿，打开即变为圆桌，可接纳六位食客。

冰酒桌，正方形或长方形，配备了两个小型冰酒桶和一个较低的搁板。

布亚特纸牌桌［一种鼓桌］非常大众化而且一直流传至今。大理石桌板外缘的大部分环绕铜栏，望板上有两个小抽屉和两个抽板，直腿通常为圆形或箭筒形。

女红桌，长方形，带搁板和纺锤腿。

针线桌是施芬奈尔桌的一种，其顶部围了一圈镀金的黄铜围栏，高度正好可以防止毛线球滚落，围栏有时用木制的沿替代。

花几，正如其名所示，作品表现了迷恋自然的时代特征，鲜花取代了路易十五时期那些珍贵的瓷板。

特龙金桌（Tronchin table）［以发明者命名］可用于站姿或坐姿的阅读及写作。桌腿中隐藏的齿轮装置形成可伸缩的支柱，上面设置可调节的折叠阅读板。这种样式很像路易十五时期的产妇桌（见第 58 页）

工作烛台桌有两层圆形桌面，皆带围栏，由三脚架支撑。顶层设置两个可拉转的烛台。

雅典桌，类似杰瑞登桌，在路易十六末期时极为流行。顶部设大理石或斑岩面板，下方三脚基座以镀金或金漆涂绘的青铜制作，抑或是用镀金的锻铁打制，足端为蹄形脚。

雅典桌用斯芬克斯、天鹅或公羊装饰，其设计原型来自庞贝遗址。

书桌

平板标罗，长方形的桌面和望板式抽屉仍然流行，使用锥形腿、箭筒腿搭配紫铜或青铜脚。偶尔，用紫铜嵌条来框饰书写面，或加固抽屉及边缘的线脚，但有时仅用于制作望板上的交织纹或鳞片纹。

部长标罗是八条腿的平板标罗，挂抽屉的框架位于膝洞的两侧。

卷筒标罗，在路易十五时期（参见第 60 页）开始出现并广为流行，形体

音乐沙龙

音乐客厅，或者音乐室有雅致的环境，配备了枝形烛台、精致的鼓桌、雕饰华美的竖琴。音乐客厅里的大键琴是绝对豪华的器物，炫耀着清漆彩绘的琴箱、雕刻着流行母题的镀金脚。钢琴刚刚出现，桃花心木贴面的琴箱有铜条镶嵌装饰（或者没有），带凹槽腿。

书桌
卷筒书桌

幸福时光桌

女士写字桌

翻板秘书柜

硕大，多以桃花心木贴面制作。不过，也有存世的个例带有丰富的细工镶嵌装饰。

它们的顶板用大理石制成，有紫铜围栏。与路易十五时期一样，桌面的卷筒由卷帘或硬木制作，向上滑动可露出一组抽屉和格架。在书写台面之下（也有实例带抽板）膝洞两侧为挂抽屉的框架，让庞大的整体架构实现了视觉平衡。在比较漂亮的例子中，望板平直，有三个抽屉，腿是箭筒形或锥形。

某些实例的抽屉框架完全落到地板上，黑檀木器师特耐（Teuné）尤为青睐这种形式。

装饰主要是在面板和抽屉上，以紫铜或青铜线脚（通常镂雕珠串饰或其他纹样）做框线，还有腿柱上的凹槽或沟槽。

幸福时光桌　在路易十六时期出现。对于女性来说，小桌非常迷人，它们经常用桃花心木贴面、细工镶嵌或者大漆装饰，也有实例带塞夫勒瓷板装饰。虽然有许多的变体，但基本形制保持不变：一张桌子，搁板枨可有可无。桌面上设一个后置的文件柜，两扇合页门为硬木制作，可镶玻璃或镜子，或者为卷帘门，门内为一些小抽屉和收纳格。文件柜的顶部是大理石板和铜栏。

有些实例的桌面为卷筒或者斜面翻盖式。

驴背标罗（或称斜面书桌）的基础结构、抽屉和翻板全都维持原样，只是直线取代了所有的曲线和隆起。桌面皆为木制。

翻板秘书柜，流行于路易十五时期，此时仍然广为延用。直线造型使它们成为这个时期理想的仿古典元素。交织纹和玫瑰饰楣板经常成为顶部抽屉的装饰，上方是大理石盖板。柜体两侧的切角斜面装饰青铜雕刻的三槽板，三槽板也可以用镶嵌的错觉立体画呈现。

翻板的装饰通常为椭圆形或者缩角的长方形构图，以镶嵌细工、青铜或紫铜线脚实现。

下部柜门的处理手法雷同，实现与其上方的平衡和对称。门后隐藏一套抽屉或收纳格。有时下部的柜门替换为明屉。

柜脚通常为锥形脚或陀螺脚。

柜体用桃花心木贴面覆盖，装饰严格精确的线脚（有时用铜条突出），即为精品。

书柜

渐渐地，书柜不再属于木器的范畴，但装饰师仍要确保它们与周围的环境相协调。最常见的形制包括两个部分：

上部，顶端有纤薄的檐口，两个柜门皆镶玻璃或嵌黄铜窗格；

下部，为两个木门，门面有线脚

玻璃柜

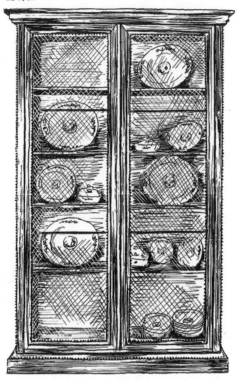

托架桌

佐餐柯默德柜（带斗的佐餐桌）

框饰，线脚有时为镂雕的紫铜或青铜串珠饰。

有矮短的陀螺脚、锬木脚或箭筒脚。

玻璃柜

在路易十六时期出现，这些带玻璃门的简单小柜用于展示珍贵的器物。

这种家具装饰简单，以免与柜里的陈设喧宾夺主；有些实例带大理石盖板，石板上三侧镶紫铜围栏，盖板下设一个抽屉。腿短的末端为陀螺脚或凹槽脚，以脚套结束。正面转角，经常倾斜或做成带凹槽的壁柱造型，以迎合当时的时尚。

这种家具的成功，让黑檀木器师也开始制作可以放在柯默德柜上的更小的玻璃柜。

档案秘书柜

这种形制的外形很像同期的施芬尼（见第 80 页），是路易十六时期的另一个发明，在其内部设置了一套多层文件格。

托架桌

路易十六式托架桌与前期的形制截然不同。它们的直腿为凹槽腿或是缆索腿，弧形横枨的中央装饰一个古代方耳陶罐或古瓶。

桌面为长方形或半圆形的大理石台面，望板装饰玫瑰交织纹或垂直的沟槽纹。望板略微外突于桌腿，以便悬挂垂花饰、丝带结和玫瑰饰。

最美丽的路易十六托架桌以镶嵌细工装饰，也有实例以彩绘或鎏金的胡桃木制成。

佐餐柯默德柜 四条直腿支撑半圆形、长方形或梯形台面，面板通常由大理石制作，狭窄的望板做成抽屉，下方有一到两层搁板和背板构成框架。

有很多流传下来的实例只有枨板且没有背板。搁板和大理面板有时带透雕围栏，望板有时带青铜或黄铜饰件。

变形家具　　很多的聪明才智被用于研究家具内部的机关：借助轨道和隐藏的弹簧使某些部件（搁板、抽屉、台面）可以做横向或纵向的移动，让一件家具拥有多种功能。例如：特龙金桌、产妇梳妆台（梳妆台带一个可拆卸的托盘桌）和嘉布会桌等。

奥本、魏斯魏勒和伦琴制作了这种带有特殊机械装置的变形家具。

银器

大盖碗

汤碗

汤碗和浅盘

盐盅

酱汁船

瓷器

塞夫勒瓷器

甘蓝桥彩陶

马赛彩陶

配件

雕刻的三角楣

编织饰带

带流苏的束带

壁灯

锁板

时钟

烛台

烛台

栏杆柱

枝形烛台

壁炉框

柴架

以垂花饰和火盆装饰的镜楣

意志；秩序、时间：艺术学习的构成要素。
——普雷沃［法国作家］

1789～1804 　　**督政府风格**

这十五年是法国历史上最动荡的时期。经历了从绝对君主到帝国之间的三个政治体系的更替：第一共和国、督政府、执政府。大革命的风暴摧毁了陈旧的波旁王朝，颠覆了从上到下的社会形态：包括其风俗、其品味及其装饰风格。一切与旧体制相关的皇家奢华和贵族特权皆被声讨。

平等、节俭以及公民道德成为新的典范，提倡近乎狂热而虚假的热忱：矫揉造作的朴素与显而易见的奢华并肩共存。

如果说罗伯斯庇尔、圣茹斯特和马拉［三者皆为法国大革命的领袖］是真心实意地去推行罗马共和国英雄们的真诚与勤俭，那么巴拉斯［督政府的督政官］、塔利安［大革命时期的政治人物］和约瑟芬·博阿尔内［拿破仑的第一任皇后］只是把这些榜样当作炫耀的谈资。这是叛逆的奇异社团［一个奇装异服的叛逆青年组织］的时代，是铺张的公共节日的时代，也是惊人的集体放纵

的时代。

在各种招待会上，暴发户、投机商和军火贩子们挥金如土，女士们暴露的衣着犹如古代的人体雕塑，宾客们斜倚在贵妃椅上，喝着由那些装扮成古代奴隶的服务员在希腊酒杯里斟满的萨摩斯葡萄酒。

这个时期的家具造型及其装饰都表现出了似是而非的朴素，其结果也必然乏善可陈。

革命者解散了行会，工匠们的水平也就失去了保证。而另一方面，个人财富的增多却导致了需求的增长。当然，这些新顾客有限的修养也使他们没那么挑剔：他们最满意那些表面闪闪发光的家什，而且优先考虑是否能够立即交货。督政府试图通过组织第一届法国艺术品公共博览会，奖励高品质的作品以解决这种困境，但和其他领域一样，它缺乏必要的决心和权威。只有在波拿巴夺取政权之后，法国才能再次孕育出一个伟大的风格。

国外
英国：
末期亚当风格
意大利：
新古典主义风格
西班牙：
卡洛斯四世风格

家具

这种混乱的经济状况对当时的家具制作产生了直接的冲击。为了应对不断增长的古典情趣，路易十六时期开始的对制作流程的简化也加快了步伐。黑檀木器师的缺失迫使圣安东尼郊外的家具制作师们简化了家具的造型和材料：只保留了路易十六的基本形制，但很少关注创新。

精致、优雅、充满古代韵味的督政府家具预示着帝国风格的出现，但缺乏那种宏大和华贵。

材料和技术。这个时期多数家具的材料是硬木：榆木、胡桃木、果木和榉木。只有一些奢侈品使用桃花心木或桃花心木贴面。

榉木制作的彩绘家具（灰色、白色、海绿色或石灰绿色）非常普遍；其雕花模仿庞贝装饰，配色采用对比色或者不同色调的单色。

17 世纪那种昂贵的木工镶嵌（黑檀和柠檬木，甚至是紫铜和黄铜）装饰此时开始复兴，彩绘家具用简单的彩色嵌条模仿了这种工艺。

受到经济条件的限制，也缺乏拥有必要技能的工匠，镶嵌细工几近绝迹。

青铜件也极为罕见，仅用在顶级家具上，但伟大的青铜匠古蒂埃制作了古典风格的精美作品。

装饰

受古希腊和庞贝原型的感召，督政府式的装饰简约而轻盈，从不遮盖家具的基座。

线条。这种风格喜欢爽快的几何造型，直线、简单的弧线、平面和素角。

装饰。督政府式的装饰清单很小，部分原因也是缺少装饰师。

特征性母题：

● 带横向条纹的方形或者长方形非常普遍；

● 棕叶饰，已经在路易十六时期频繁使用，常作垂直或水平连续排列；

● 独立的菱形常单独使用，菱形以象牙或者彩绘的嵌条勾勒边线，中央母题多为古希腊双耳盖碗或圆徽饰；此外，菱形也用在椅腿的榫块上，中间包含了一个圆徽饰。有时，这种装饰也会用单独的六边形、八边形，或细长的纺

装饰

独立的菱形

棕叶饰

展翅的斯芬克斯

对峙的格里芬

革命的象征徽章

榫块
方花

菱形花

条形纹

古双耳盖碗

床

杰瑞登桌

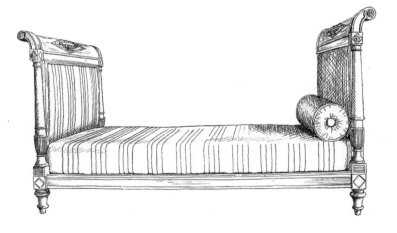

锤形替代。

革命及象征母题。有几年，在实质上的路易十六式家具上装饰了弗里吉亚软帽 [是一种圆锥形针织帽子，戴在头上，帽尖会折下来]、十字束带、长矛、橡树枝（象征公民道德）、内含一只眼睛的三角形（象征理性）、紧握的双手（象征博爱）、杨树（象征自由之树）、摩西十诫牌匾、帽徽、高卢公鸡、攻陷巴士底狱的场景等等，但是这些母题很快就消失了。

古典母题。双耳盖碗、双耳陶壶、分离式圆柱、箭、龙、带翅膀的狮子、海妖塞壬、天鹅、格里芬、带翅膀的守护神，以及代表名誉和吉祥的纹样被反复使用。

在拿破仑远征埃及之后，工匠们开始使用斯芬克斯像、莲花饰、圣甲虫、金字塔和埃及女像柱。

床

床用彩绘的榉木制作，其雕花装饰和纤细的线脚在同色的阴影色衬托下更显突出。

大革命时期的床是用爱国母题装饰

路易十六式床：床柱饰十字束带，顶端为弗里吉亚软帽柱头。

督政府式床，有大量的实例存世。两端的床头板与床尾板等高，端板两侧是与其分离的独立式圆柱或者栏杆柱；端板的顶部外卷，板面用内含双耳盖碗的长菱形纹样装饰。此类母题或是雕刻的，或以对比色彩绘。

车镟的短腿呈箭筒状，上方的榫块装饰内含玫瑰饰的菱形或者条纹牌匾，这些母题有时在床柱顶端的柱头部位重现。

注：有时端板顶端以带古瓶的三角楣装饰，这种情况下，端柱的柱头多半是雕刻的松果或古双耳陶壶。

桌

总体而言，督政府时期的桌子在基础构造上很像路易十六式（见第 81 ~ 83 页），不论是材料、雕花或者用阴影色衬托的装饰都很简单，但望板上常使用帝国风格中无处不在的克迈拉兽、天鹅、格里芬和斯芬克斯等纹样。

小桌子，针线桌、花几、收纳桌皆采用上述图案；根据其镶嵌或彩绘的菱形纹样即可判定它们的年代。

杰瑞登桌通常用桃花心木制作，圆形桌面为大理石或木制，以三条腿或三脚架支撑。

盖鲁沙鲨鱼皮　一位名叫盖鲁沙（Galuchat）的低级工匠发明了一种处理鲨鱼皮的方法，这种皮革常用于箱柜的包面，因此这种面料便以他的名字命名。此面料从 1750 年前后开始盛行，多用作首饰盒和针线盒。因其迷人的绿色阴影，至今仍被收藏家所珍视。

大衣柜

柯默德柜

书桌和秘书柜

最后的**斜面桌**可追溯到大革命开始的十年里，为直线型设计，简单地装饰了些大革命的象征标志。到帝国时期这种书桌形制即被遗弃了。

翻板秘书柜和卷筒桌不再以镶嵌细工为装饰；皆以硬木制作，用平面式的壁柱、胸像柱或圆柱装饰。

大衣柜

此时是外省大衣柜的夕阳时期，保留了路易十六式的形制，也吸收了一些新的装饰母题，如全菱形或者对称的切掉上下两个角的菱形、双耳盖碗、公民徽章和几何装饰。

柯默德柜

这种曾经在路易十六时期有无数变体的基本形制，在督政府时期却缺乏创新的亮点。所有可以确认为这个短暂时期的实例的共同特征是：长方平直，通常有三个抽屉、木制或大理石盖板。直腿为锥形腿带爪球脚、陀螺脚或箭筒脚。正面两侧转角多处理成圆柱、胸像柱或不刻槽的圆柱，用棕叶饰和花环装饰。

书柜和托架桌

这些家具此时用桃花心木或彩绘木材制作，不属于木工制品，月牙（半圆形）托架桌消失了。

书柜

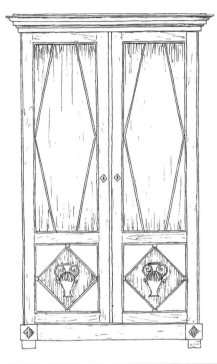

座椅靠背

犄角形靠背

权杖形靠背

条形靠背

穿衣镜

穿衣镜在执政府时期（1799~1804）出现，随着制镜技术的进步，穿衣镜此时成了家庭的必备品。

这个时期的穿衣镜是把大型肖像镜嵌入木框中，支撑结构为一个有两侧支柱（圆柱或栏杆形）的支架和一个大基座，多以棕叶饰、天鹅、狮爪装饰。穿衣镜通常可以以水平轴为中心翻转，有时在边柱上也设烛台架。（见第109页）

座椅

座椅是这个时期唯一有创意的领域，督政府式的椅子、午休床和长椅的特点是轻、雅、纤细而又坚韧。

扶手椅。 常用木材为果木、桃花心木和彩绘的榉木，用纯色的褶皱天鹅绒、绣花天鹅绒、纯色或条纹软缎，抑或是花缎包覆。主流行色是灰色，搭配红色、绿色或黄色的古典母题。嵌边的辫带常编成棕叶饰、希腊回纹或玫瑰饰。

靠背的样式非常可观，但封闭式的软包靠背却远少于用硬木制作的开放式靠背或者镂空式靠背。

● 犄角形靠背为带边框的全封闭式靠背，顶部横梁向后凹曲，使其前突的两侧端角呈犄角状，有时犄角形靠背的搭脑部位向后翻卷；

● 卷头权杖形靠背通常为透空的开放式，靠背两侧的边柱向后弯曲，末端

腿

纺锤腿

箭筒腿

榫块

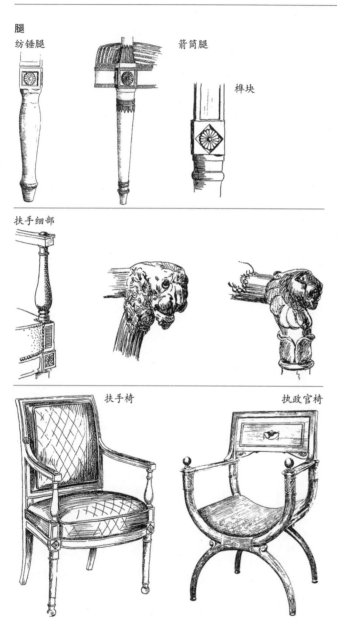

扶手细部

扶手椅

执政官椅

形成一个小涡卷，中央的条形靠背板雕浅浮雕母题：菱形及其内部的双耳盖碗、菱形及其中心向外辐射的条纹，或者一对对视的格里芬。有时其顶部的横梁是独立式的，可以作为提手。中央背板和座面的连接部位为迷人的透雕菱形或棕叶饰，少数情况透雕里尔琴或者三角形纹样。

● 横板靠背的顶端横梁比边框宽，边框向下延伸越过座框与后腿一木连做。其装饰与卷头权杖型靠背极为相似。

椅子前腿竖直，通常镟成带环状浮雕的箭筒型、栏杆形或圆柱形，偶尔也有截面为方形的腿。后腿外撇（军刀腿或者叫伊特鲁里亚腿）且截面皆呈方形。座面和椅腿以榫块联接，榫块装饰的菱形中央铲地浮雕玫瑰饰或雏菊（同样的母题，路易十六时期的榫块为方形地）。

注：执政官椅在这个时期出现，不过极为稀罕（原型是罗马执政官所坐的凳子，弧形的椅腿呈 X 形交叉）。

扶手截面为方形，末端为小型涡卷、球形或浮雕的雏菊纹样。这里有一个标志性的特征：靠背的边框在与扶手连接处上方有一个棕叶饰或贝壳饰。扶手柱通常是栏杆柱或者小圆柱，装饰环状浮雕或锯齿纹（连续重复的 Z 形）浮雕。

注：有些特别的家具，扶手末端有狮头或鹰头装饰，靠背两侧边框的顶端为女性胸像、带翅膀的守护神或斯芬克

午休床

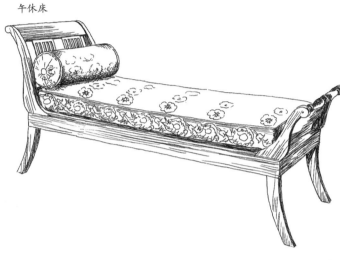

贡多拉椅

直背椅

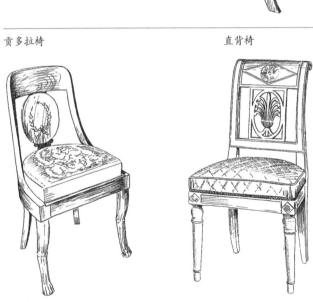

斯，这些母题也重复出现在腿部的柱头上。在埃及远征后，前腿和扶手柱变为一木连做，不因座面而中断。

贝尔杰尔椅是一个路易十六时期的幸存者，保留了软包扶手和靠背，还有松软的羽毛坐垫，舒适依旧。

督政府式**长椅**相当僵硬，制作方式与同期的扶手椅相似，和路易十六时期相比，设计上的变化较少。

午休床，长而窄，此时替代了扶手躺椅。受到古代范例的启发，床腿为军刀腿，床头板与床尾板向外翻卷，且高低不同。这种形制的家具因雷卡米埃夫人（Madame Récamier）[巴黎名媛，在其同名的世界名画中可见到她和此类家具的芳容，所以此椅也叫雷卡米埃椅] 而闻名于世。

子午床是一种带靠背的午休床，靠背成弧线形连接床头板及床尾板。

注：有些子午床只有一个床头板和靠背 [类似中式的贵妃椅]。

靠背椅。督政府式靠背椅由果木、桃花心木或彩绘木制作，样式与同期的扶手椅完全一致，轻便、迷人、富于装饰，只是缺了扶手而已。

贡多拉椅，是督政府时期出现的极少数新型家具之一。此椅很矮，圆弧形靠背前围，两侧边框斜下延伸连接座框。椅腿和座框的处理与同期的其他座椅形式相似。

真正的收藏家不仅用眼睛，也用手指去感受
其藏品。去触摸一片大理石、一本书的装帧、
一件玻璃器的细节，去享受它们的一切。
——保罗·勒布 [法国作家]

银器

茶壶　　　　　　　咖啡壶

烛台　　　闭伞状烛台

银制展翅克迈拉兽及
其兽爪的细部

瓷器

塞夫勒瓷盘　　　　塞夫勒执壶

三角楣镜框

壁炉框的牌匾

壁灯

柴架

帝国风格

1804～1815

帝国风格是一种郑重的宣示，是帝国皇权清晰的表达，为拿破仑的冒险经历提供了恰如其分的注释。依照将军本人所言，只有亚历山大大帝的丰功伟绩和凯撒的辉煌军旅生涯才能与其相提并论。这就解释了帝国风格对比此前的风格所呈现出来的显著差异：刻意排斥自摄政时期开始的典型法式家具的优雅和精致，吸收了古代艺术中最不朽的成分：只有奥古斯都的罗马、诸神的希腊、法老的埃及和亚历山大大帝的马其顿才能为新法兰西帝国提供合适的参照。

为了树立天才的伟岸形象，拿破仑像对待政府事务和颁布《民法典》那样，在艺术生产领域强化集权专制，令其必须服从巴黎的控制，接受建筑师珀西耶（Percier）、方丹（Fontaine）以及画家雅克－路易·大卫（Jacques-Louis David）的监管。旧学院和传统行会被废除，取而代之的是在博览会上，由政府官员为那些符合拿破仑政策的作品颁发奖励和勋章。那些黑檀木器师的潜在客户亦在其掌控之下。以前的贵族阶级此刻要么一贫如洗，要么远遁他乡。新贵阶层把所有的财富和荣耀皆归功于其主宰者，厚颜无耻地模仿其嗜好。热衷此道的当然是那些在帝国的长期征战中发财的商人和金融业的暴发户。结果，这个风格取得了巨大的成功，获得了法国风格史无前例的一致性。

然而，抛开政治问题，如果没有深刻地反映出波澜壮阔的时代精神，这次成功就不会如此伟大。简洁而宏伟、坚固而壮观，它看起来是全新的而又符合大革命的原则。它摒弃了一切沾染了旧体制中轻浮风雅的内容，一切可能唤醒波旁家族腐朽遗产的事物。一个征服了法国和整个欧洲的男人，肆无忌惮地将其意志公之于众：干练的造型、雄宏的线条、源自古代失落文明的装饰语汇，加之精湛的技艺，使这个伟大的历史时刻得到了真实的展现：在这十五年的跨度里，伴随着贝多芬《英雄交响曲》[原名《拿破仑·波拿巴大交响曲》]的旋律、奥斯特里茨（战役）和耶拿（战役）的鼓点，元帅和大军团的老兵们努力赶超了传说中的英雄事迹。

国外
英国：
英国摄政风格
意大利：
新古典主义风格
西班牙：
约瑟夫·波拿巴风格

家具

遵从古希腊 – 罗马时代的原型，帝国风格简素、高贵、庞大，体现了拿破仑式的威严。

典型帝国式的家具形制虽然略显僵硬，却非常壮观；其表面平直、转角锋锐，加上极少的线脚，形成了一种雄劲之美；其庄严的主设计元素皆集中在家具的正面。

基于这种严肃压倒舒适的审美，那些曾经在 18 世纪备受珍爱的、精巧的小型家具此时已经销声匿迹。

这个时期的青铜配件专攻几何造型，俱为精品。

材料和技术。桃花心木是首选材，坚实的桃花心木优先用于上等家具、座椅和其他轻型家具上的贴面，亚麻色的、暗色的；带云纹的、影纹的或者火焰纹的皆有使用。但从 1810 年开始，由于欧洲大陆被封锁导致桃花心木奇缺，家具制作师被迫开始用胡桃木、瘤纹榆木、榉木、白蜡木、紫杉根木、黄杨木、橄榄木、枫木，以及极少的柠檬木。

复杂的镶嵌细工设计消失了，取而代之的是有限的镶嵌装饰：包括细嵌条、花环和玫瑰饰：

● 以暗色木（桃花心木）为地，镶嵌亚麻色木（柠檬木、橄榄木）、紫铜或钢制嵌条；

● 以亚麻色木（榉木、榆木）为地，镶嵌暗色木（黑檀木、桃花心木、紫杉木）嵌条；

部分椅子、长椅和其他家具采用镀金、白漆或灰漆涂绘：

● 如果镀金，则其装饰也为镀金；

● 若为彩绘，则装饰也用彩绘或镀金。

镀金的、磨砂的、抛光的或者带有精巧雕花的青铜饰件是除座椅外其他家具的唯一装饰。纯装饰件对称分布在平直的表面，让其暗色主体更具活力，使

珀西耶和方丹

当大卫邀请建筑师及装饰师珀西耶和方丹去装修国民公会大会堂时，他们还非常年轻，这项任务揭开了二人非凡的合作生涯。随后他们直接受雇于拿破仑，修缮了石竹庄园（约瑟芬于 1798 年获得）、圣云城堡、杜伊勒里宫和卢浮宫。所有的作品都展示了精准的审美和成熟的建筑观，他们缔造的帝国风格几乎适用于任何目的。他们拒绝接受法国 18 世纪的范例，崇尚复古（罗马、伊特鲁里亚、埃及和希腊），拒绝接受优雅、精致和亲密，最终树立了一个宏伟高贵而又不乏精致细节的品牌。

装饰母题　　拿破仑桂冠　　　蜜蜂

鹰

古代驭夫

带翅膀的
名望女神像

对称的胜利
女神正身像

注意力集中在家具的整体而非其轮廓上。此外，单体家具和成套家具所使用的青铜件也有很大差异。

青铜件表面平滑、线脚精密、雕花精致活泼，每一件都可成为独立的完美艺术品。

大理石面板转角锋利，通常选用灰色或黑色，白色亦偶有使用。

装饰

神似路易十四风格，所有帝国风格的装饰皆执行严格的对称。通常，一件家具左右两侧母题的每一个细节都形成精准的对应；若非如此，则独立母题自身的构图也是完全对称的：如古代头像上落在每个肩膀上的发卷均完全一致，胜利女神的正身肖像的战袍也是对称分布的，还有完全相同的玫瑰饰和天鹅对称设置在锁板两侧等等。

其直线设计与18世纪的形制迥然相异：

● 线脚几乎完全放弃，即使保留也很低调，绝不滋扰其平面和直角；

● 通常来说，桃花心木贴面会将框架的立柱和箱体的其他部分一同包覆在内；

● 如果立柱外露，则使用方形截面的女像柱掩盖，或者采用独立式的圆柱（从转角上拆下来仍为圆柱状）；

● 立方体家具（柯默德柜、秘书柜

装饰母题

天鹅

牛面骨

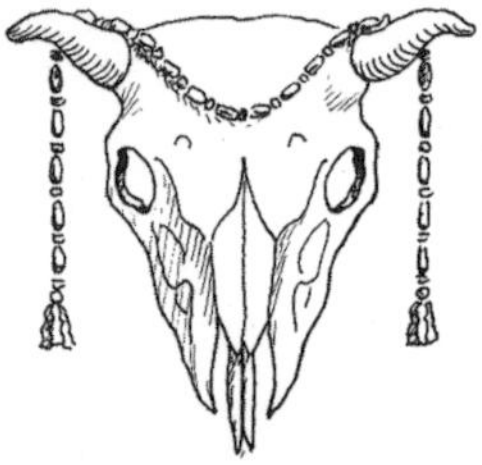

战盔

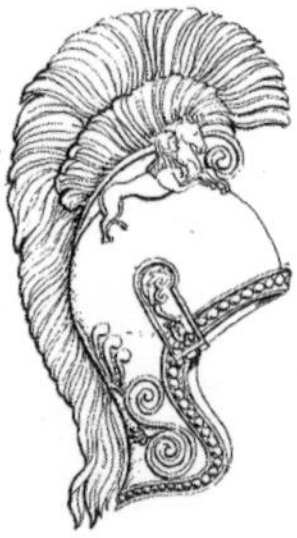

佩戴法老王冠的狮头

棕叶饰

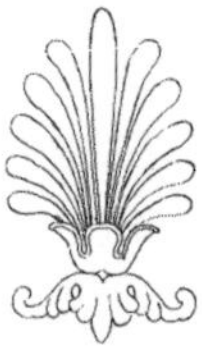

玫瑰饰

桂冠

方锥女像柱

带葡萄藤的
酒神手杖

丰饶角

莨苕卷须饰

埃及莲花饰

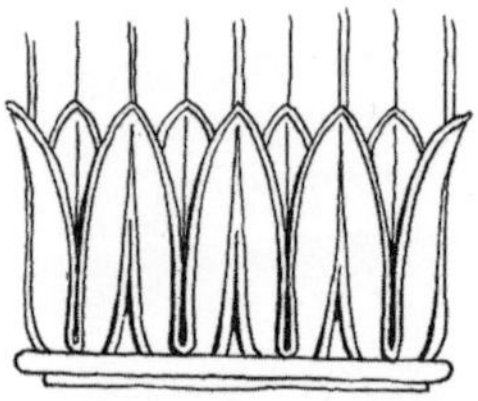

里尔琴

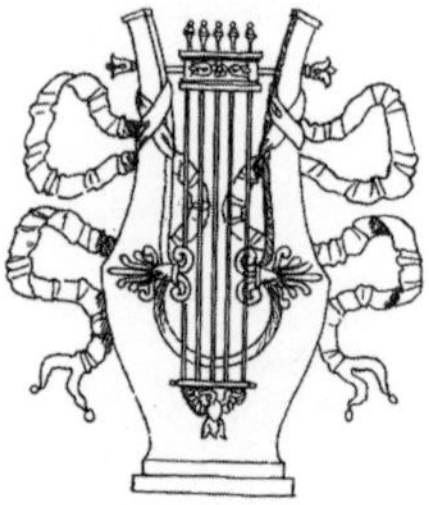

或书柜）直接坐落在完整的基座上，以强化其宏大的效果。

帝国风格的标志性装饰母题，与室内装饰同样出现在青铜件、纺织品及工艺品中，以实现风格的统一。

和路易十四一样，拿破仑也有一组专有的表征其权力的标志符号，最具代表性的是鹰、蜜蜂、星、字母 I（代表皇帝）和字母 N（代表拿破仑），通常被置于帝国桂冠的中央。

人类母题：由棕榈枝支撑的胜利女神像、希腊舞者、悬空的裸女像、古战车、带翅膀的裸童、阿波罗的面具、罗马战盔和女妖戈耳贡。

动物母题：天鹅、狮子、公牛头、战马和其他野兽；蝴蝶；禽爪；带翅膀的克迈拉兽、斯芬克斯、牛面饰、海马。

植物母题：紧凑的玫瑰花环、系飘带结的橡枝花环、攀爬的藤蔓、罂粟花卷须饰、四叶玫瑰饰、棕榈枝、月桂枝、"埃及"莲花饰。

注：植物母题的使用比路易十六时期少，处理得更加简练，但其精湛的雕工还是令人钦佩的。

希腊 – 罗马母题：平直的莨苕叶、丰满卷曲的莨苕叶、丰饶角、心箭饰、雏菊、串珠饰、双耳细颈陶瓶、三脚架、鳞片纹、喷口陶罐、墨丘利 [希腊神话中的信使] 的双蛇权杖 [双蛇螺旋形缠绕，权杖顶端为展开的一对翅膀]、酒神权杖、朱庇特 [罗马神话中的主神，对应希腊神话中的宙斯] 的闪电、尼普顿 [罗马神话中的海神，对应希腊神话中的波塞冬] 的三叉戟、古瓶、战斧、长矛、战盔、火炬、带翅膀的号手以及古乐器大号、叉铃、手鼓、里尔琴等。

注：尽管出于同源，路易十六时期盛行的凹槽、三槽板和交织纹此刻都被舍弃了。

埃及母题在帝国初期非常普遍：圣甲虫、莲花柱头、法老王冠或双冠 [寓意统治上、下埃及]、狮头、带翅膀的圆盘、方尖碑、金字塔、戴埃及头饰的赤脚锥形女像柱。

几何母题：圆形、正方形、菱形、六边形、八边形和椭圆形被广泛用作独立母题的框饰。

床

不管是否放置在凹室之中，床的设计只为在一侧观看。故而，其框架也仅做了单侧的装饰。

直板床与路易十六时期的床相似。均有四个床柱，造型为圆柱、壁柱或方椎女像柱，顶部设杯形、球形或古代头像柱头。

注：靠墙一侧的床柱有时高于前侧的床柱。

船形床两侧端板高度相同，顶部向外翻卷；在床体转角外侧，采用厚木

床

带直板床头的床

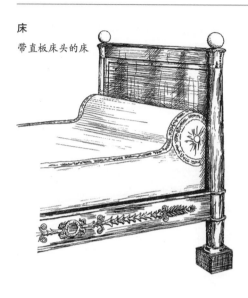

床头翻卷的船形床

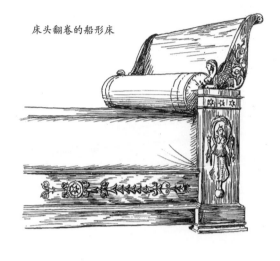

桌

杰瑞登桌及其单脚芬克斯腿和基座中央的古双耳陶罐

杰瑞登桌及其涡卷形二脚支架

桌

雅典桌

杰瑞登桌及其平板三角座

梳妆台

夜桌

板作为支柱，青铜件装饰的支柱通常很宽，用以强调基础结构的厚重（见第104页）。

也有类似的床仅设一侧端板。

桌

最典型的帝国式桌为圆形，是杰瑞登桌的大型变体，不过，很多稍小一点的迷人圆桌也以各式造型出现。

这些杰瑞登桌经常用作餐桌。其桌面多为圆形，通常为木制或大理石制，用斑岩、马赛克或孔雀石制作的极少。其望板宽平低矮，通常很简素，偶尔用青铜件装饰。它们的腿部和基座多由镀金木或青铜制成，形式多种多样，表现为：

● 一个粗重的中心柱及委边（内凹圆弧形）的三角形平面底座。

● 三或四条腿，置于圆形或委边三角形平面底座的外角，底座中心装饰一个古代双耳陶罐；有时腿部造型采取女像柱、斯芬克斯、独柱或格里芬兽，在这些情况下它们由雕花的桃花心木、镀金木或青铜（镀金、彩绘或黑色）制成；

● 三条腿向下内收，最终形成悬臂式涡卷，足端与底部基座连接部位处理成环形或方形垫板。腿部造型系从格里芬兽的脚上升，顶端止于狮头或鹰头。

大多数**小桌**呈圆形、方形、六边形或长方形，其中包括女红桌、茶桌或午餐桌。典型的帝国式的装饰很容易辨认，其精致的形体非常醒目。它们的腿部特别美：里尔琴形、X形、S形或纤细的圆柱形。

雅典桌，圆形或六边形的薄桌面由大理石或斑岩制成，以金属制三腿底座支撑。腿部为青铜、铸铁或钢制，足端为兽爪，顶端为斯芬克斯或狮头。

注：此类家具可以做各种用途（花几、杰瑞登桌、梳妆台等）。

帝国式**梳妆台**完全不同于那些产于18世纪的同类。长方形台面由白色或灰色大理石制作，木制望板设抽屉和青铜母题装饰，下方以X形或执政官式腿[两条交叉的弧形腿造型]支撑。台面上设一个特大的纵向旋转式梳妆镜（圆形、椭圆形、委角长方形），两侧的火炬或箭筒形支柱配备照明灯具。

注：帝国式桌、托架桌，甚至柯默德柜有时也会被改造成一个梳妆台，即在带抽屉的木制支座上加一块活动式梳妆镜。实际上也就是一个微缩版的穿衣镜。

帝国式**脸盆架**是雅典桌加配了两个小型大理石或木制隔板，分别用于放置面盆和水壶。顶板上升出两根天鹅颈形的立柱，支撑圆镜和毛巾钩。这种样式很常见。

修面桌在这个时期的特点是高而窄。下部设有很多抽屉，往上为四根支柱，支起一个带小抽屉的大理石台面。后侧的两根支柱中间有一个活动镜子，

使用时可拉高。

夜桌，大理石台面稍微探出于下侧的圆柱形或方形箱体，边缘没有线脚或其他凸出的元素。形式简洁，仅仅是通过在其抽屉、青铜锁板及箱体两侧装饰青铜母题来增添一丝活力。

长方桌很罕见，但极美。厚重的台面和望板装饰丰富的青铜饰件，落置于庄严的锥形女像柱式桌腿上。

花几在这一时期骤增，几面用镀金雕花青铜制作，或者是用清漆及彩绘的薄铁板制作。木制或金属支架结合了带翅膀的动物或人物塑像。

托架桌

帝国式托架桌，刚毅冷峻，多为长方形，偶尔为半圆形。大理石台面下厚重的望板以青铜件装饰，四条腿立于厚重的基座，取代了前期典型的横枨形式。前腿可采用斯芬克斯或锥形女像柱造型，但更多的是由青铜件装饰的简单圆柱或方柱。两条后腿之间常装配背板，有时背板替换为镜子。

书桌

平板写字桌继续存在。其宽敞的桌面、丰富的装饰和希腊–罗马式的基座，使帝国时期的家具很容易与其路易十六时期的祖先进行区分。

注：有些实例上有一块装饰板，可

臂桌

部长标罗

用来盖住留在台面上的纸张。

　　部长标罗有两种变体：

　　● 位于膝洞两侧的两列抽屉完全落至地板，其设计暗示凯旋门的造型。转角经常装饰锥形女像柱、独脚狮和斯芬克斯；

　　● 膝洞两侧的抽屉未及地板，由两组四条短腿支撑。

　　卷筒桌保留路易十六式的线条，但装饰变得厚重。有时卷筒的顶部设置一个书架或者一组抽屉，而下部造型与部长桌一致。

　　翻板秘书柜非常时髦且相当优雅，保留了其路易十六式前辈（见第85页）的基础结构。它们的边柱有时带女性头像或斯芬克斯头像的柱头，底端为禽爪；在大理石盖板和翻板之间常常设一个单独的抽屉。

　　翻板为长方形，装饰镂雕的青铜饰件，其后方为浅色木制作的抽屉和收纳格。其下部也有青铜件装饰，有时设两扇合页门，打开后现出搁板或三排抽屉。

　　幸福时光桌（通常也叫女士写字桌）在这个时期很少见。虽然不如其18世纪的前辈那么优雅，却也依然不俗。其上部的柜体呈硕大的长方形，两扇合页门的面板饰青铜裸像，转角处设女像方椎柱。下部类似托架桌，桩形腿和禽爪立于大型台座之上，后腿之间有时设一面镜子。

民间家具　　官方的帝国式家具皆为抛光的桃花心木制作，品类非常丰富，但其简化版的变种也极为繁荣。这些由本土木材制作的家具几乎没有青铜饰件，而且并不丑陋；它们造型虽然有些呆板，却也有其独特的魅力；其纽式拉手像一个压扁的杯子，表面镂雕螺旋玫瑰盘饰，略微活跃了一下正面的气氛。施蜡之后，它们更显舒适，而不像华贵的帝国式家具那么严肃。

幸福时光桌

典型的门柜底座

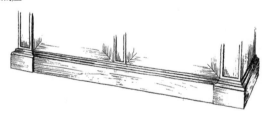

大衣柜

帝国式大衣柜几乎没有装饰，宽大的门板不修线脚；转角以圆柱强调，柱头和柱础环饰的镀金青铜圈。顶端设三角楣或带扁平线脚的水平檐口。大衣柜的门板上第一次出现了镜子。

矮柜非常时尚。很像带门的柯默德柜，但内部没有抽屉，门面装饰青铜母题。

书柜

帝国式的书柜极为庞大。上半部约占其高度的三分之二，带玻璃门；下部略厚，两扇合页门用青铜件装饰。檐口平直，边柱为壁柱形，柱头和柱础皆有青铜饰件装饰。

注：矮书柜在这个时期也有制作。

柯默德柜和施芬尼柜

旧体制时期，柯默德柜形式的多样性特征已然消失。

三斗柯默德柜有灰色或白色大理石面板。壁柱式边柱，有时为棱锥形，足端多为禽爪，柱头雕塑木质或青铜人像，或者斯芬克斯头像。

精致的青铜件环绕锁孔或者装饰壁柱的柱头。抽屉的拉手形式表现为纽式、花环或悬垂于狮头的圆环。

门式柯默德柜也称为**英式柯默德柜**，合页门内隐藏三个抽屉，上方为一个独立抽屉和相邻的大理石面板。平滑

三斗柯默德柜

穿衣镜

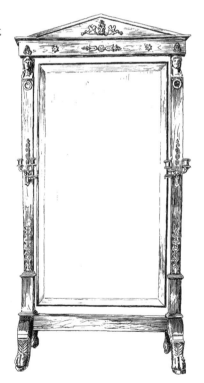

的门面是青铜饰件极好的基底。

　　施芬尼柜或星期柜比柯默德柜更高更窄，一般设七个抽屉。其盖板、边柱和脚部与同期的柯默德柜一致。有时，在边柱支撑的顶部檐板上设一个扁平的门。

穿衣镜

　　穿衣镜在帝国时期开始普及。

　　截面为圆形或长方形的细高支柱饰有青铜柱头（古瓶、双耳陶壶、古代头像）；中部设镂雕青铜连壁烛台。顶部有时装设三角楣，基座足够厚重，有时为完整的台座。镜面为长方形或椭圆形，装置在支柱中央的横轴上，可倾斜。

座椅

　　在帝国式时期，座椅通常采用桃花心木制作，变得愈加沉重、宽大且难以移动。18 世纪的椅子和长椅的优雅特征让位于此时的庄重。

　　靠背皆有软垫，有时顶部设三角楣饰，两侧边框经常向前轻微弯曲，但也有直边。直背椅顶端的横梁和座框前侧的望板有青铜镶嵌。

　　● 靠背如为平面，则采用正方形或长方形；

　　● 如果内凹，则靠背采用勺形或贡多拉式；贡多拉式靠背尤为成功，形似半圆筒状，向前包围的肩部持续向下延展，其弧线最终与椅子的座框相连。

前腿是直腿，后腿为外撇的方腿。

这个时期流行的软包面料有锦缎、压花天鹅绒、花缎、提花绸、色丁、皮革或塔夫绸。织染装饰母题偏爱橡树及月桂叶、玫瑰饰、星、棕榈饰、古瓶、双耳陶罐和几何图案，这些图案通常以金银两色表达，对应的底色为红色、紫罗兰、玫瑰色或者绿色。

扶手椅在帝国时期样式繁多，但几个典型特征还是很容易挑选出来的。

扶手平直，其与靠背的连接处上方有浮雕棕叶饰。

扶手柱是其前腿的延伸［即一木连做］。而且：

● 扶手下方紧邻一个塑像作为腿柱的柱头，腿柱的连续性不因座框中断；

● 柱头装饰带翅膀的狮子、克迈拉兽、斯分克斯、天鹅或鹰，展开的翅膀支撑扶手。

前腿为方椎柱、女像柱或独腿狮子，足端为兽爪、素脚［无装饰的裸脚］或倒棕叶形脚；柱头可以是女性胸像或埃及人头像。

有些前腿截面为方形，或者带凹槽和铜箍的圆形。

后腿全都是方腿，并且或多或少呈现出外翻的军刀形。

注：贡多拉扶手椅的腿和座框与其他座椅完全相同，但其凹曲的靠背、扶手及其支撑连为一体。

贝尔杰尔椅带封闭式扶手和厚垫。线条和装饰类似于同时期的扶手椅。

靠背椅有软包或开放式靠背两种，后者可以是：

● 顶端有宽阔的条板横梁，很像其督政府时期的前辈；

● 长方形，但顶端轻微外展，此类型多为开放式靠背；

● 直背，软包或者开放式，有时带三角楣饰；

● 贡多拉背，软包或开放式，靠背与扶手相连，直至坐框的前侧转角。

后腿多外撇，而前腿为直腿（方腿、锥形腿或车镟腿）。

凳很常见，长方形座面带 X 形或执政官式支架，支架顶端的狮头高出座面；有时这些高出座面的支架形成扶手。

长椅在这个时期非常沉重，更像床而非椅。靠背和扶手与同期的扶手椅相似。变化在于其支撑结构：

● 六腿或八腿，形似扶手椅；

● 方块足或狮爪；

● 直接落地的厚基座。

波米耶（Pommier）长椅的靠背很矮，靠背两端向前折转九十度构成扶手。

午休床日益增长，取代了扶手躺椅。床体狭长而精致；两侧端板顶部外翻，且高度一致，端板下方支撑军刀腿。

子午床两侧端板高度不同，连接高、低端板的靠背板呈斜坡状。

座椅

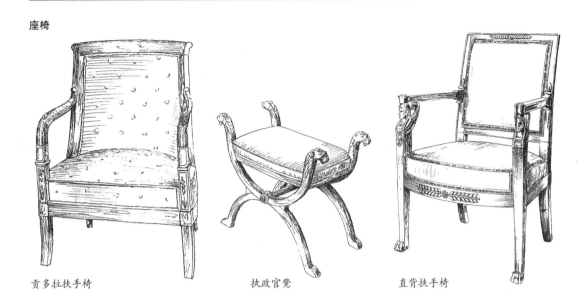

贡多拉扶手椅　　　　　执政官凳　　　　　直背扶手椅

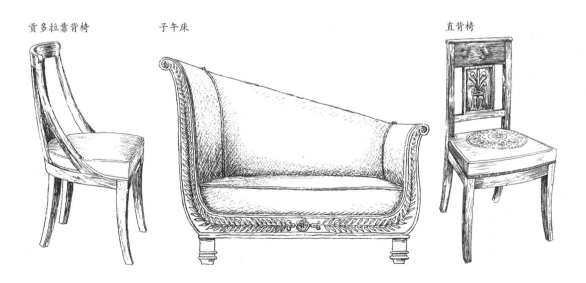

贡多拉靠背椅　　　子午床　　　　　　　　直背椅

帝国式银器

蔬菜盆

大盖碗

盐盅

咖啡罐

蛋杯

茶壶

1815～1830

王朝复辟风格

横贯欧洲十五年，拿破仑的冒险之旅在 1815 年之夏止于滑铁卢平原。鲜血流尽，元气大伤，沉醉于无望的伟大梦想中的法兰西进入了一个复苏期，监管人是路易十六的两个兄弟：封号为路易十八（1815～1823）的普罗旺斯伯爵及其继任者阿图瓦伯爵，即 1830 年被革命推翻的查理十世，他们也是波旁王朝最后的国王。这些旧体制的幸存者妄图全面恢复之前的君主政治和特权，以及其所附带的行为规范、意识形态和物质文化等，不过这个计划仅仅实施了一部分。

值得肯定的是，复辟风格首先是对帝国盛世和浮华壮景的反抗。它着重扶持那些曾经掩盖在拿破仑圣威下的优雅、高贵和精巧。桃花心木被认为太过沉重而改成亚麻色木材；黄铜件装饰的笨重家具让位于轮廓精致的小型镶嵌家具。犹如一个世纪前的摄政时代，基于同样的原因，人们背弃了宽广的庆典礼堂，青睐迷人和亲昵的小客室和闺房。

但这种风格的转换并未影响正式语汇中那些基本元素的使用，它们有幸从前朝传习下来了。帝国并没有足够的时间来实现所有的目标；是复辟时期完成了始于拿破仑时代的历史建筑，特别是凯旋门和玛德莱娜教堂（Madeleine），复辟风格继承了新古典主义的传统，并使其发展到前所未有的精致程度。一些专家认为法国黑檀木器师在这个短暂的时期内制作了最优秀的作品。

末代波旁让时间倒流三十年或者四十年的企图终告失败，其唯一原因就是法国和其他欧洲国家对帝国风格的不懈拥戴，新思想的滚滚洪流势不可挡。在拉马丁的《诗与和谐》、维克多·雨果热情奔放的《吕布拉斯》、柏辽兹的清唱剧和德拉克鲁瓦的《雅法传染病院》中所表现的浪漫主义思想，如同失败皇帝的冷酷雄心，与上一世纪的优雅渐行渐远。身着艳丽锦缎的长发年轻男子编织着浪漫主义时尚，他们的灵感来自遥远的时空：对中世纪半想象中的、古怪的、与古典装饰共生的尖券、尖塔和哥特式教堂的玫瑰窗。

因此，这一时期在遵从希腊和罗马艺术规制的同时，也唤起了法兰西卫城[指沙特尔大教堂]和凄婉沧桑的巴黎圣母院的朴素之美。

国外
英国：
英国摄政风格
意大利：
后期新古典主义风格
西班牙：
新古典主义风格

家具

舒适、亲切、轻便。复辟式家具的标志性特征是典雅与朴素的和谐。尽管保留了帝国式家具的基本造型,但此时它们变得更为柔顺,显现出新的优雅。为了迎合更为简朴的室内装饰,家具尺寸也变得更小了。亚麻色木质,温和圆润的造型,以及有限而精细的装饰都给了这个风格独特的表征。

材料和技术。这个时期的工匠技术相当全面,同时掌握了贴面、硬木结构和镶嵌工艺,所有的材料都能达到物尽其用。以暗色木为地,镶嵌亚麻色木是复辟式家具的典型特征。不过,尤其是在查理十世时期,使用了亚麻色地镶嵌暗色木。

使用的亚麻色木包括涂饰清漆的白蜡木、榆木、影纹法桐、斑点榉木、雀眼枫木、瘤纹崖柏、西克莫槭、黄杨根木、橙木、柠檬木、橄榄木和相思木(acacia)。如此繁多的种类可供黑檀木器师们选用,为其丰富装饰的效果提供了有力保障。

采用的暗色木材有桃花心木、黑黄檀(palisander)和紫杉木。

这个时期的镶嵌作品展现出卓越的品质和高超的技艺:嵌条、玫瑰饰、棕叶饰和卷须饰像金器一样精美,其功能类似记忆中的帝国式家具的青铜件。

青铜配件的使用比帝国时期少,所推崇的母题却更具吸引力;部分家具的正面或明或隐地使用了里尔琴、天鹅、裸童、棕叶饰和玫瑰饰等图案及造型。

家具的大理石台面可以是带有精妙纹理的淡灰色、白色或较少见的黑色。

注:箱式家具偶尔镶饰带有花卉图案的彩绘镶板或者塞夫勒瓷板。

装饰

复辟风格的装饰轻巧而精炼,整体结构和造型也从不与其相左。帝国时期

大教堂风格

中世纪题材的流行驱使工匠们采用哥特风格的装饰母题,这种浪漫主义的复兴潮流在复辟时期极为繁盛。

造型方面,暗色木与亚麻色木材的家具基本一致。如果采用桃花心木或者黑黄檀制作柯默德、秘书柜、桌子、杰瑞登桌、餐具柜、花几和书柜,则使用亚麻色木模仿百叶窗、玫瑰窗、尖拱窗、三叶窗或者精致的尖顶连拱作为装饰。

炉边椅和祈祷凳,采用透雕设计,图案为钟塔、尖拱、三叶窗和玫瑰窗。

装饰母题

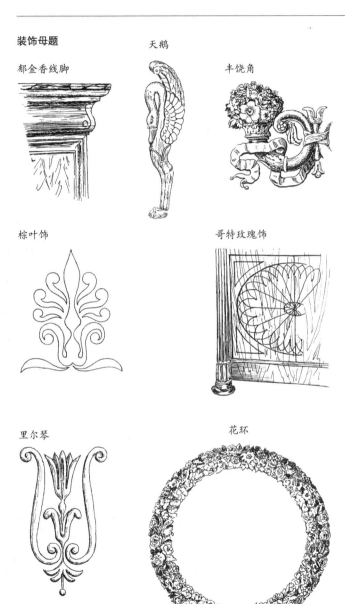

郁金香线脚

天鹅

丰饶角

棕叶饰

哥特玫瑰饰

里尔琴

花环

被弃用的线脚重新出现，但它们此时变得精细小巧，有时框饰在平滑的表面，有时用来柔化其边角。

偶尔，枭混线脚强烈弯曲的变体被称之为郁金香线脚，用作秘书柜或柯默德柜的顶部檐口。

部分帝国式的母题以简化形式存续：如棕叶饰（较圆、较小而更加风格化）、丰饶角（尺寸适中）、星、天鹅、里尔琴和海豚；更为少见的是克迈拉兽、格里芬和海马。

这些图案很容易与前期的帝国式进行区分，它们摆脱了庄重，变得清淡而亲和。

几何图案：方形、菱形、长方形、八边形和椭圆形都有应用，但比帝国式家具少得多。圆形多被紧凑的花叶玫瑰饰所取代。

古典母题：卵形饰、珠串饰、卷须饰、联瓣纹、垂花饰、花束以及缎带（尤为常见）。

寓意性的古代的母题越来越少：只有丘比特、普赛克［罗马神话中的美丽小公主］、阿多尼斯［希腊神话中的美男子，植物神］等情感类主题得以保存。圆柱、壁柱、三角楣和直线型檐口用于装饰书柜等大型家具。

哥特母题：装饰性的玫瑰窗、哥特式花窗格和钟塔皆为木雕，内起棱线加玫瑰饰以增强效果，这些装饰极似哥特

船形床

时期雕刻家的石雕作品。

床

在帝国时期，所有的床都被设计为平行贴墙放置。

船形床通常有两侧等高的端板，端板两边为弯曲的板式床柱，床柱底部较宽，顶部轻微外翻，末端收于涡卷形。床脚很短，在床柱和床框的前边板上有镶嵌图案装饰。

舟形床轮廓与船形床相似，但其端板外翻的曲线更加夸张。这类床经常放置在一个小型台座上，从而体现其华贵的身份。

直板床有壁柱或圆柱形端柱，嵌条和装饰母题见于所有部件。

英式桌

桌

轮廓。尽管外形很像帝国式的桌子，而它们更轻巧也有更多的变体。

三脚架、圆柱、涡卷托架和里尔琴造型的支撑结构仍然在使用，但有些桌子有了内卷足或者带兽爪的方腿。在路易－菲利普时期复兴的车镟腿此时开始出现。

"英式"桌有长方形桌面，两端带落叶翻板，桌腿为涡卷托架形腿、S形腿或以横枨联接的里尔琴形腿。

注：餐桌有时追随"英国"式：也就是在两端设立落叶式折叠桌板。

女红桌

花几

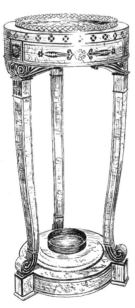

长方桌的望板以镶嵌装饰。支撑桌面的是以镟木横枨相联的一对里尔琴形支架、四条车镟腿，或者是四条涡卷托架形腿。它们的尺寸范围很广，有时甚至像平板写字台一样长。

游戏桌为长方形或圆形面板，附带落叶式折叠板，装饰纤薄的凸圆线脚（这种线脚在路易－菲利普时代几乎是无孔不入），桌面一般蒙绿色桌布。

这种桌子很轻，活板收起来以后非常紧凑，而且适合使用各类支撑方式。

夜桌仍保留其帝国时期的造型（见第105页和第106页），但材料改为用亚麻色木材制作，以暗色木镶嵌装饰。

女红桌的盖板，其内壁表面镶一面镜子，并以嵌条作为框饰；盖板打开后可见其下侧的收纳格。在某些情况下，女红桌的下部还会有附加的搁板或储物格。

无论是圆形、椭圆形还是长方形，女红桌都很精致。它们的腿部可以是带兽爪的涡卷形腿、涡卷托架形腿或者里尔琴形支架。

花几的桌面为圆柱形、椭圆形或齿轮形，很高，落在三至四条装饰流行母题的细腿上，脚为涡卷形或狮爪形。

梳妆台，长方形的大理石桌面上设置椭圆形梳妆镜，镜架为两个细长弯曲的天鹅颈，中间有转轴。

杰瑞登桌，通常在餐厅中作为边桌，各种尺寸都有大量生产。桌面呈圆

穿衣镜

书柜

托架桌

形或齿轮形，为大理石制或木制，望板装饰镶嵌母题，若桌板为木制则面板上镶嵌相同的母题。其下方的支撑系统为三脚架或者以三脚架为底座的独柱。一些大型的实例中，桌脚底下有时加一个大基座。

注：复辟时期的小桌有圆形、方形、长方形或椭圆形，以亚麻色木材制作并且镶嵌暗色木嵌条和母题，这些小型桌子展示了这个时期工匠的才华和创造力。它们通常是为特定用途制作的，如专门用于放置垃圾箱或珠宝匣；或者用作茶几或午餐桌；带有暗格的桌子，等等。

托架桌

托架桌为狭窄的长方形，边角圆润，是其帝国式前辈柔化的变体。

大理石桌板下侧设有镶嵌装饰的宽望板，望板两端以涡卷托架支撑，托架的涡卷源自后侧的直腿下部，向前向上展开。桌腿下侧有坚固的基座，基座底部设矮脚；两条后腿之间有时设一面镜子。

穿衣镜

穿衣镜此时是圆形或椭圆形的，中心转轴安装在两侧的圆柱式支架上，柱头为天鹅颈。厚重的基座装饰狮爪或者带翅膀的克迈拉兽，底端安装脚轮。穿衣镜皆有精美的镀金青铜件或镶嵌装饰。

书柜和储物家具

复辟式书柜造型瘦高。以壁柱支撑平直而轻薄的檐口，檐口略微向外凸出。上部两或三扇玻璃柜门约占整体比例的三分之二，下部三分之一装饰深色镶嵌母题，或者以嵌条框出面板轮廓。此类家具底部为完整的台座或者短腿。

注：档案柜和其他储存文档的家具都非常简单，装饰仅限于深色嵌条。

书桌

部长标罗 造型宽大，桌板稍微凸出，望板内设两至三个抽屉。腿为车镟腿。

翻板秘书柜通常有圆角大理石盖板；紧邻盖板的郁金香形[截面曲线为郁金香形]檐口内设一个隐蔽的高位抽屉。前向翻板以嵌条和其他镶嵌装饰，内部隐藏了一套小抽屉和收纳格。下部为两扇合页门。底框亦有装饰，若非直落地板，则落在两个矮脚上。锁孔周围多有镶嵌装饰。

卷筒桌在这个时期比较罕见，仍然保持着传统的形式（见第 83 页和第 107 页）。卷顶通常和抽屉一样用硬木制作，装饰大型镶嵌母题。整个桌体由竖直的纺锤形桌腿支撑。

幸福时光桌变轻了，但仍保留着其帝国式前辈的基本结构。

形式是绝对必要的，它源自思想的深处，这
就是美，而所有的美都在显露真理。

——雨果

矮柜和角柜

矮柜和角柜的门（可以是弧面或平面）由轻巧的嵌条或其他镶嵌母题装饰。柜子的大理石盖板略微凸出，它们的底座也做同样的凸出，且通常直接座于地面。

柯默德柜和施芬尼柜

柯默德柜，硕大长方，保留了帝国时期前辈的线条（见第 108 页），但少了青铜饰件，而且极少用圆柱或者壁柱来做转角处理。诸多抽屉的锁孔周围镶嵌卷须饰和玫瑰饰。青铜镀金的玫瑰饰或花环拉纽很小。顶部抽屉略凸出于其他抽屉，有时轻微地外展成郁金香的轮廓，很像楣版或者檐口。最简单的例子用深色嵌条装饰。

这些柯默德底部为台座或粗短腿。盖板为灰色、白色或黑色的大理石。

英式柯默德柜的抽屉藏于两扇合页门之后。此类家具的整体结构与经典柯默德柜相似。

施芬尼柜和**星期柜**很像其帝国时期的前辈（见第 109 页），二者之间的区别仅仅在于用料，此时的材料为亚麻色木材，配暗色木镶嵌。

座椅

复辟式椅子优雅、迷人，轻便且结构坚固。椅子和长椅的靠背从帝国时期和督政府时期继承了拱形曲线并做了新的软化处理。

复辟前期，椅子的靠背为平面，但很快变成内凹形式。贡多拉靠背仍受欢迎，其搭脑，持续弯曲或者轻微拱起，内含对称的纹章式涡卷装饰。

座面的造型与靠背匹配，可以是方形、长方形或轻微的圆弧形。

腿部的造型各异，且适用于所有的座椅，包括：

- 竖直或轻微外撇的前腿，后腿则明显外撇；
- 纺锤或栏杆形竖直前腿，后腿为方腿；
- 外翻的涡卷托架形前腿，顶端有蛙股形［青蛙的大腿形状］装饰：顶端向后卷曲，前侧呈下垂的舌头形。（见对页图）

镶嵌装饰有时以嵌条做框，位于靠背顶端和望板处，母题宽泛。

弹簧被纳入很多软包的家具当中。流行的面料有马毛织物、色丁、平滑或印花的天鹅绒、繁花织毯，以及亮色枝叶装饰的生丝或其他暗色面料。

子午床和**长椅**出现了很多变体。

复辟式子午床与其帝国时期前身（见第 111 页）的区别在于它的亚麻色木质、低矮的座面，以及最重要的——装饰。

小型复辟式长椅被称为**闲谈椅**和**安眠椅**皆为子午床的衍生品，同样拥有高低不等的端板和靠背板，但它们的造型

带合页门的橱柜底座

带拱形搭脑的贡多
拉椅靠背

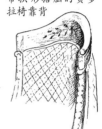

郁金香形轮廓的抽屉式楣板

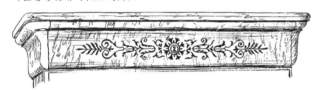

贡多拉椅靠背

纺锤腿

蛙股腿

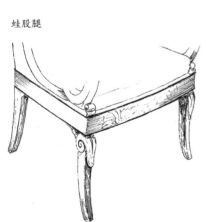

军刀腿

沙发

警帽形靠背的长椅

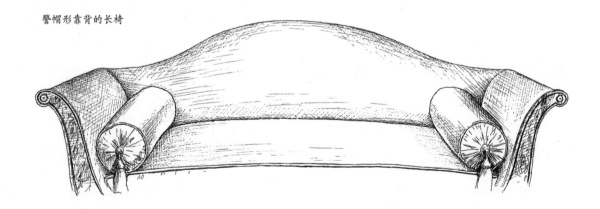

是内凹的。

沐浴椅靠背和端板连续弯曲，其中一侧凹陷极低，以至于顶框在该点和侧边座框和为一体。

最典型的复辟式长椅为直背，扶手（端板）轻微外翻，止于涡卷或海豚造型。四或六条腿呈涡卷托架形或者栏杆形。

沙发是豪华的软包长凳加上后背和两端的软垫，不显露上部的框架，下部为坚实的木质底座。

警帽形卡纳菲椅有相等高度的、温和的涡卷形扶手以及轻微的拱形靠背。此椅因其造型而得名。这种家具现在相当罕见。

芸豆形卡纳菲椅有与其名字一致的拱形和弯曲的造型。它们有大而厚的软垫，极罕见。

扶手椅在复辟时期有很多新设计，而且每种都匀称和谐。伏尔泰扶手椅在这一时期出现，但直到路易－菲利普时代才被广泛使用。

直背扶手椅的靠背与晚期的帝国式扶手椅非常接近。它们的扶手有时带肘垫，向外展开，末端收于涡卷、天鹅颈或海豚。

贡多拉扶手椅非常流行。它们低矮的封闭式靠背顶端呈拱形，两侧边框轻微前弯；扶手为靠背的延续，扶手与扶手柱（并非真正的支柱）连为一体，下弯直到没入座框，有时扶手末端为涡卷造型。偶尔，扶手为开放式的，但不影响其与靠背的曲线形态。

伏尔泰椅有软包的高靠背，肩部下方向前凸起使其极为舒适。扶手有大型肘垫，以天鹅或涡卷造型做支柱。

复辟式贝尔杰尔椅特别浑厚，有分离式的加厚坐垫。无论从造型还是镶嵌来看，它们都像是加大版的复辟式贡多拉扶手椅。

开放式竖板靠背［类似明式家具的独板靠背］扶手椅在这个时期有点少见，但是保留下来的颇为迷人，靠背板造型为心形、里尔琴形、花瓶形或展开的扇形。

复辟式**靠背椅**像同期的扶手椅一样经历了明显的进化过程。

复辟前期，直背椅或带有轻微弧度

亚麻色木材及其黑檀木器师

档案记录显示，经销商韦伯，同时也是一名装饰师、面料商和黑檀木器师，是他开启了亚麻色木材的时尚潮流，而非常说的贝里公爵夫人。公爵夫人在1824年改造卢浮宫内的马尔桑宫时，的确使用了亚麻色木材家具，但是这种家具早在1819年就开始流行于世了。在这个时期，一些黑檀木器大师将其技艺发展到了巅峰阶段，其作品的精细度和规范性已经好得不能再好了：箱体、饰面和内饰都达到了不可思议的程度。

法国工匠受到了英国家具的巨大影响，将舒适放在首位，制作了大量的变体家具以迎合需求的变化。

雅各布·德斯玛特（Jacob-Desmalter）是一个杰出的工匠。贝朗热（Bellangé）家族和让塞尔姆（Jeanselme）、比戈（Bigot）、贝纳尔（Benard）、勒萨热（Le Sage）、勒马尔尚（Lemarchand）、迪朗（Durand）等控制着当时的艺术品味。

座椅

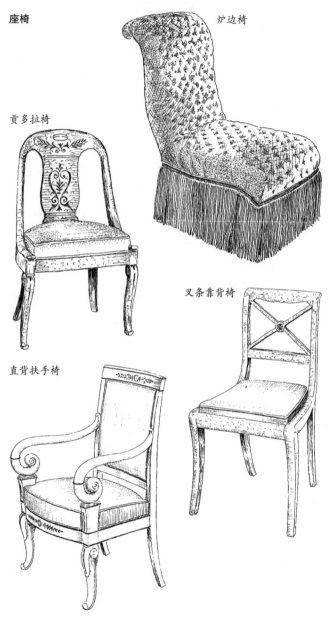

炉边椅

贡多拉椅

直背扶手椅

叉条靠背椅

的直背椅迅速增加，轻盈而简洁，时至今日，他们仍然散发着强大的吸引力。

贡多拉式靠背椅非常普及。拱形靠背两侧透空，其优雅的曲线向下延伸融入座面的边框。透空的开放式靠背保留了贡多拉椅的轮廓，中央靠背板的造型为镂空的里尔琴形、扇形、贝壳形、花瓶形、半圆形或交叉的条形。靠背的搭脑有时会做成或车成提手，以方便手握提拎。

炉边椅，座面低矮，软包的椅背很高且向后卷曲，其轮廓类似伏尔泰椅。

复辟式写字椅座面呈圆形，座面下侧设转轴，由三脚架支撑。靠背顶部的拱形搭脑或横梁由透雕母题或两个支柱支撑。

凳，变得很轻，仍然十分流行。座面长方、执政官式支座，暗色木制的狮爪足或球形足都很常见。

注：有些复辟式凳子带有涡卷形扶手，看上去很像执政官椅，非常漂亮。

复辟式银器

糖碗

恒温浅盘

咖啡壶

大银杯

美第奇花瓶式冰酒桶

茶壶

盐盅

1830 ~ 1848　　　　　# 路易 – 菲利普风格

这种风格是为忙碌而骄纵的资产阶级而设计的，满足他们渴求舒适的欲望，同时也赋予他们社会合法性的感觉。室内装饰风格开始表现出一个明显的特点就是，试图证明其自身是永恒的，所以刻意规避任何形式的现代感。新式家具装点了陌生的装饰，灵感先后来自于哥特时代、伊斯兰世界和中国，就像浪漫主义诗人用中世纪的盔甲和神秘的东方面纱来装扮他们的英雄男女，或者像巴尔扎克笔下的某些角色配备了尊贵的名字和头衔。

这种观念在超过半个世纪的时间里遏制了家具制作的创造力。路易 – 菲利普风格此时更关心舒适性和生产技术的改善，而不是家具的独创性。首要的问题，是如何将规模化生产与伟大的法国传统工艺对接的问题，因为在当时的一些领域已经实现了机器辅助生产，甚至是半工业化生产。这也是为什么路易 – 菲利普时期的家具在同等质量的情况下比前期便宜的原因。而且，不管是泛滥的新哥特式还是中国式，这些家具体现了舒适优先，迎合了新贵银行家和实业家们简单实用的癖好。在这个新兴的社会阶层中，实力稍弱的成员往往住在那些地产商以现代思想开发的小型公寓中，所以也就需要为他们的小房间设计家具，故此，很多这个时期的产品也非常适合我们今天的住宅。

最后，尽管路易 – 菲利普时期的家具常被视为前一风格的劣质变种，但在某些情况下，依据一些来源不明的设计资料结合半工业化的生产条件，这个时期的小摆件、装饰件和其他配件都开始趋向于丰富而有创意了。

浪漫主义的时代，在其顶点的 1830 年代，标注了无数耐人寻味而又感人的细节：追求者们无法忘却的舞会之夜，纪念激情初恋的干花，留下激动泪痕的手帕。就像是某些情感生活的写照，近乎伤感、默默的抗争，在葛朗台老爹阴暗的城市别墅中，在塞查·皮罗多 [二者皆为巴尔扎克小说中的人物] 的公寓中，怀揣着强烈的拜金主义思想，暴发户们狂热地去执行银行家拉菲特 [时任财政大臣] 的 "致富令"。

国外

英国：

维多利亚风格

意大利：

早期意大利民族复兴风格

西班牙：

末期费迪南风格和早期伊莎贝拉风格

家具

路易－菲利普风格并非原创，而更像是复辟风格的延续，它保留了复辟风格的基本结构，却略去了其优雅和精致。形式越发沉重；装饰变得流于形式、杂乱无章。设计灵感的挖掘，先是转向中世纪，末期又转向文艺复兴时期。这种模仿倾向也预示着随后的第二帝国风格的走向。

当然，一些带有时尚造型的家具也有很精致的装饰：

- 以暗色木为底，镶嵌浅色木的装饰；
- 暗色家具装饰自然主义的花卉，并使用了少量螺钿镶嵌来增强效果；
- 家具风格的中世纪化比前期更为极致和精细。

材料和技术： 暗色木材取代了复辟式家具偏爱的亚麻色木材。

制造商努力通过机械工具来加快生产步伐，机床的使用在此时已经非常普及了，在1830～1870年间，艺术生产领域所取得的技术进步超过了此前四百年的总和。青铜配饰和镶嵌细工因明显提高了生产成本，此时被淘汰了。当然，尽管缺乏规范的创新，工匠们仍然以做工和质量为荣，他们选材极为仔细，并同样精心地以手工组装和装饰家具。

暗色和暖色木材比较流行：如桃花心木、黑黄檀、黑檀以及紫杉木、胡桃木和榉木。

亚麻色木材，包括西克莫槭、榆木、柠檬木和枫木，主要用作某些家具内部装饰的贴面材料。

黄铜配件很少，但很多锁孔环饰黄铜镶嵌。

大理石面板为灰色、黑色或白色，前沿刻浅淡的枭混线脚。

车镟和切割技术的进步使生产球形、圆柱形和其他造型的部件更加容易。

镶嵌作品非常少见，但是在暗色木上的彩绘花束有时会以螺钿镶嵌突出效果，桃花心木家具偶尔会使用亮木嵌条修饰。

黄蜂

舍纳瓦尔（Claude-Aimé Chenavard, 1798～1838）是这个时期伟大的装饰家，因其从国家图书馆疯狂"吸取""宝藏"的行为，巴尔扎克送了他一个"黄蜂"的绰号。作为塞夫勒陶瓷厂的总管，他影响了所有艺术品的创作。他收集了各个时期、各种风格的装饰母题，抛开其原始的语境和规制，重新组合构图，赋予其更多的表现力。他的装饰图集亦被广泛传播，为各类工匠提供了创作灵感。

注：塞夫勒瓷板、紫铜和锡镴以布勒镶嵌（见第 23 页）的形式出现，模仿 18 世纪样例的青铜件也有使用，但仅用于为富翁定制的豪华家具。后者一般出自这个时期的黑檀木器大师之手，他们从早期的类似作品中汲取了灵感。

装饰

机器辅助的生产方式导致装饰语言的匮乏，表现出了普遍性的枯燥和乏味。

线脚几近消失；面板平素，缺乏动感；支柱平直，边角浑圆光素。

机床现在可以切削沟槽、又宽又深的混枭线脚、双排凸圆线脚或三联凸圆线脚、螺旋腿、珠串腿和大尺寸的联瓣纹。

装饰母题极少。涡卷以浮雕的浅棱线突出效果。

大叶的树枝和棕榈饰雕刻于座椅扶手和桌腿。

蛙股，是路易－菲利普式家具的特征性母题，装饰在椅、长椅和箱式家具的腿部顶端。

床

路易－菲利普式床，其装饰设计在这个时期颇受重视，与复辟式床相似，但更沉重且体量更大。有的带华盖，有

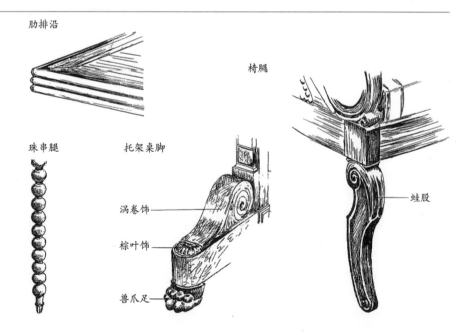

肋排沿

椅腿

珠串腿

托架桌脚

涡卷饰

棕叶饰

兽爪足

蛙股

船形床

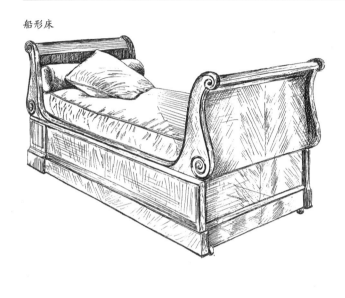

杰瑞登桌

雕联瓣纹的球茎 —

的没有。

船形床仍然流行，保留了其复辟式前身的结构。端板仍然向外翻卷，但略显僵直；区别在于其底座明显高于复辟式。有时这类床直接落至地板，但也仍可以加一个短而厚重的床脚。

直板床有壁柱或带有球形柱头的圆柱形端柱。基座非常高，用涡卷形边板连接端板上的端柱，这样可以软化整体的线条。

桌

路易－菲利普时期的桌子多种多样，但都保留了帝国式和复辟式前辈的基础架构，只能通过材质、车镟和切削构件以及装饰件鉴别它们的差异。

杰瑞登桌在这个时期数量激增，所有的尺寸皆有生产。大理石桌面或木制桌面呈圆形或椭圆形，有时刻沟槽装饰桌面的边沿。

使用车镟木制作的中心支柱为栏杆形，或者是中部隆起的球茎形，球茎有时光素，有时雕联瓣纹。支柱下方的三脚或四脚架支座，末端为狮爪或装饰莨苕叶的涡卷托架形脚。

注：不管什么形状，绝大部分小型杰瑞登桌的桌面都可侧翻折叠。

餐桌为长方形或圆形，末端几乎都有落叶式折叠板，四或六条车镟腿，下装脚轮。

游戏桌剧增。其木质长方形桌面经常是正方形桌面打开形成的，游戏桌有肋排形边沿，桌面镶有绿色天鹅绒。四条带脚轮的车镟腿，形式为栏杆腿或珠串腿，有时还带凹槽。

注：有少量这个时期的半圆形游戏桌存世。

小型沙龙桌，长方形或方形，有肋排形边缘和落叶桌板。它们有涡卷托架形腿、栏杆腿或珠串腿。

女红桌和缝纫桌，有带合页的两扇对开桌面，打开后可露出下面的收纳格，带脚轮的四条腿多为珠串形。

佐餐桌，在法国称为仆人桌，但造型源于英国。串顶两层不同尺寸桌板的中央支柱为栏杆柱，落于三只涡卷形或者狮爪形脚组成的三脚架上。

夜桌为圆柱形箱体，带有大理石面板和一个合页门。台座式底座直接立在地板上。

夜桌

梳妆台，在桃花心木镜框内装设椭圆形镜子，白色大理石台面。梳妆台的整体造型和托架桌一样，同时也有直腿、涡卷托架形腿或执政官式腿。

路易－菲利普时期的**修面桌**与其帝国式前辈具有明显的差异。圆形的小桌面刚好低于脸部位置，装设了可旋转的化妆镜。支柱为柱身较长的圆柱或栏杆柱造型，下撑带脚轮的三脚架支座。

注：收纳桌、花几、小型阅读桌以

及格架采用相同的材料和风格。

托架桌

托架桌变得更加简单，包括长方形大理石台面、两条宽大的涡卷形腿和一个厚重的基座。一般情况下，其望板内含一个抽屉。

书桌

平板标罗，长方形的台面上有一排后置的小抽屉。望板中也有抽屉，直腿呈栏杆形或珠串形。

部长桌在膝洞两侧各有一列抽屉；长方形桌面因加装了抽拉板，面积可以扩大。此时的部长桌都有竖直的车镟腿。

卷筒桌仍有制作，但很笨重。膝洞两侧各有一套抽屉，这些抽屉或直落地板，或以两组的四条腿支撑。一些路易－菲利普式卷筒桌上方还有一个书架。

斜面桌在帝国时期的已经失宠，此时又重新出现了。桌面上常设一个小卷柜，腿部可直可弯。

翻板秘书柜十分流行。灰色或黑色大理石盖板带圆形转角，盖板边沿刻 S 形反曲线线脚。顶部的抽屉稍微凸起；边柱平直，转角圆润。

内部设成套的小抽屉和收纳格，通常以亚麻色木料制作。

下部有三个抽屉，落在球形脚或兽爪上。

游戏桌

托架桌

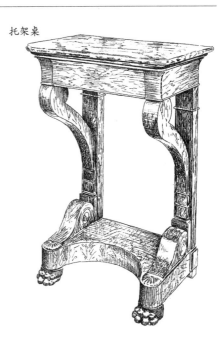

女红桌

小型沙龙桌

在某些情况下，翻板上方的抽屉面为平面而不是凸面。

路易－菲利普式**幸福时光桌**有两个部分。其上部略微后缩，上下各有三排抽屉或两扇合页门。

屏风桌，轻巧便携，为这个时期的创新形式。是一种小型斜面桌，带可滑动的挡板以防壁炉烤伤或偷窥。

大衣柜

大柜在路易－菲利普时期十分流行，成了所有卧室的标配。它们又高又宽，下装球形脚；门板上装设了穿衣镜。特别常见的是将一个抽屉隐藏在线脚基座内，以此呼应檐口上的线脚造型。

书柜

造法与同期的大衣柜相似，但是上方三分之二的部分为玻璃门。

柯默德柜和施芬尼柜

这个时期的家具制作师在面对柯默德柜时还是颇有想象力的。保留了经典柯默德柜的结构，同时在其顶部添加一套梳妆台或者翻板桌的装置。

经典的路易－菲利普式柯默德柜完全去掉青铜饰件（从帝国时期开始）和镶嵌装饰（复辟时期开始）以突出其宏大的视觉效果。其正面和侧面皆为平面，短脚造型采用扁球、兽爪或粗涡卷。

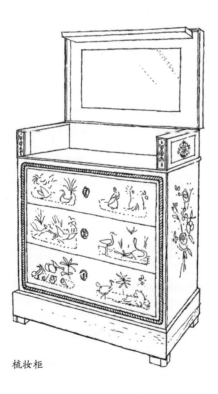

梳妆柜

柯默德桌

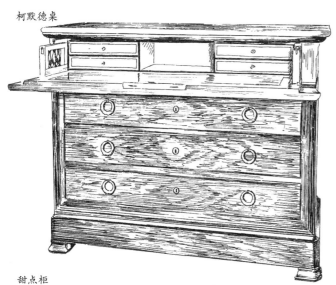

甜点柜

此类家具通常有三或四个抽屉；顶部抽屉有时做成波形的反曲线轮廓。

路易－菲利普时期的**英式柯默德**（或门式柯默德）的抽屉隐藏在两个素面的合页门后面。

梳妆柜类似同期典型的柯默德，但其盖板可以翻开，打开后，盖板内壁有一面镜子，下方有一个面盆、一个水壶和若干装化妆品的小瓶子。

柯默德桌（desk-commode）顶部抽屉面板可以向前翻开变成一个写字桌板，桌面以皮革或织物包覆；抽屉的后部也有一套小抽屉和收纳格。

施芬尼柜或**星期柜**又高又窄，竖排有七个或八个抽屉。柜体垂直竖立，圆形转角立于扁球脚或兽爪上。

餐具柜

此时的餐具柜和柯默德柜造型很像，只是采用合页门，没有抽屉。

甜点柜可宽可窄，顶端设置架格，架格两侧通透，以涡卷形支柱支撑搁板。

穿衣镜

仍然沿袭复辟时期的形式（见第119页），尽管带镜子的大衣柜迅速普及，减少了对穿衣镜的需求，但它们依旧保持流行。

座椅

路易－菲利普时期的椅子和长椅舒适而坚固。个头很大，但削去棱角，以免看上去过于严肃。

座椅的靠背可以是：

● 长方形直背，搭脑处轻微凹曲；

● 贡多拉式；

座面为标准的长方形或半圆形。椅腿多数安装脚轮。

● 前腿为带蛙股形柱头的涡卷托架形腿、直腿、车镟腿，可带凹槽；

● 后腿为外翻的方腿（军刀形）。

座椅软包以马毛和弹簧等相当多的各式材料填充。面料中最流行的有黑色马毛织物、印花或纯色丝绸、纯色或呈几何图案的压花天鹅绒、花束图案的织毯等，这些面料单独使用或与天鹅绒条交替使用。

扶手椅在路易－菲利普时期的沙龙里数不尽数。

直背扶手椅的靠背基本上是平面，但其中心部位稍微内凹。

● 扶手的截面为方形，末端下弯，直接形成涡卷形扶手柱；

● 蛇形弯曲的圆材，最终形成涡卷形扶手柱，扶手柱的撑座与前腿对齐，并装饰棕叶饰。

贡多拉扶手椅被大量制作。像其复辟时期的前辈一样，靠背略微后倾，带拱形搭脑，边框与扶手曲线连续。

伏尔泰扶手椅在王朝复辟时期出现，此时变得更加普遍。保留了早期版本向内凹曲的靠背，但是其天鹅颈或涡卷形扶手柱现在被简单的涡卷托架形柱所取代。

蟾蜍椅，是这个时期的新事物，通体软包，框架的任何部分都不可见。贡多拉式靠背设圆形搭脑，腿部隐藏在浓密的排苏内。

高背扶手椅也是在这个时期出现的。靠背的顶部横梁为拱形，且塑成方便抓握的形状。座面深而宽，扶手带肘垫，蜿蜒的扶手柱带有少量雕花，前腿稍有前弯，与扶手柱相接。

路易－菲利普式贝尔杰尔椅是经典扶手椅或贡多拉式扶手椅的变体；其封闭式扶手和羽毛垫使其极为舒服。

靠背椅在此时期的形式多种多样并且都很可爱。这些变化的主要差异点在其靠背的处理上，其靠背可能是：

● 直背；

● 基本形状为直背，但搭脑略微向内凹曲；

● 贡多拉式。

靠背很少软包，通常做镂空的交叉梁，梯状板条或拱形设计。贡多拉式靠背的中央有时做成垂直的竖板 [独板靠背]，上下分别与搭脑和座面相接。

搭脑，无论其形式，多数挖孔或直接做成把手。

蟾蜍椅

直背扶手椅

梯背椅

叉条靠背的贡多拉椅

长椅

后腿外撇（呈军刀状），前腿有时带车镟脚，可以是：

- 带有环形浮雕的栏杆形直腿；
- 轻微弯曲，带或者不带蛙股形柱头。

炉边椅，椅面很矮，但有软包的高靠背，椅腿与其他路易－菲利普式靠背椅相似（参见第 124 页）。

注：在这个时期也生产一种炉边椅的变体，不露框架部件，所以很像蟾蜍椅。

凳，带交叉腿，此时变得更重且几乎没有纹饰。因为不再像前期那么流行，这种形制开始消失。

长椅和子午床在路易－菲利普时期表现突出，所有客厅都有配备。每一个能想到的尺寸都有制作，如果今天得到一件那时的家具，很容易融入我们现代的室内设计当中。

这个时期的经典长椅有三或四个座位，形似一个加宽的直背椅。靠背的顶端造型可以是直线形，蛇形或者分成三个拱形。

路易－菲利普式**子午床**保留了其复辟式前辈的基本形式，但没有镶嵌装饰。其足部非常粗重，呈大涡卷状。

中世纪主义

大教堂风格，首次出现在精致的复辟式设计中，在路易－菲利普时期保持流行，但造型的吸引力却相对较弱了。

黑檀木器师从前一时期吸收了过多的装饰细节，使其制作的家具波浪起伏，繁琐乏味。这种别扭的倾向也被金器师、陶艺师和珠宝师所接受。大教堂风格之后流行的是文艺复兴时期、路易十三时期和路易十四时期的装饰语汇。

罗斯柴尔德男爵夫人对其哥特－文艺复兴画廊的自豪感，与作家欧仁·苏沉醉于他的"路易十三"式餐厅、路易－菲利普的女儿挚爱其"文艺复兴"式沙龙如出一辙。

这种折中主义在贵族和资产阶级家庭中盛行，扼杀了真正的创造力，但它在装饰艺术生产中一直流行到这个世纪的尾声。

瓷器　　　　　　　　　　**乳白玻璃器**

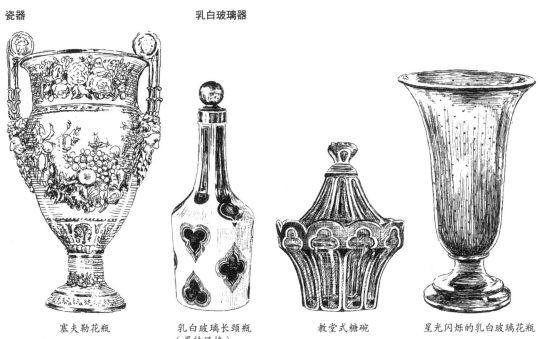

塞夫勒花瓶　　　　乳白玻璃长颈瓶　　　　教堂式糖碗　　　　星光闪烁的乳白玻璃花瓶
　　　　　　　　　（哥特风格）

银器　　　　　　　　　　　　　　　　　　**螺钿**

茶壶　　　　　　　　　　咖啡罐　　　　　　　　　香水盒

我知道那些果实会被风摇落，鸟儿会被吹去羽毛，花儿会被吹去芳香；谨小慎微将使创造之伟大车轮寸步难行。

——雨果

1848～1870　第二帝国风格

第二帝国风格 [拿破仑三世风格] 是一个最特殊的现象。不管其材料、造型还是装饰母题在传统意义上都非常独特，其所有的元素皆来自（借鉴）前期的风格，而且在很多时候，可以说就是直接复制。然而，尽管看上去缺乏原创，却还是有其鲜明的个性。

不再从单一的历史时期汲取灵感，第二帝国的家具师、软包师和装饰师们带着欢愉的热情，不分青红皂白地把所有历史资源全都搬出来了。在拿破仑三世治下的二十年里，哥特式、文艺复兴式、路易十五式、路易十六式、英国摄政式、中国式和日本式的范例都是时髦的，而且不分先后，几乎是同时流行。其结果是一个丰满堆砌的折中主义，虽然有些荒唐，却具有强烈的复古主义魅力，甚至也可以说是一种有创意的魅力。

很多当时的人认为，这种风格精确地反映了那个狂热的历史时期，如同科学的胜利、工业的胜利甚至是西方文明的整体胜利。欧洲开始将这个星球上的潜在殖民地像蓄水池一样对待。苏伊士运河的贯通被认为是体现了白色人种的优越，也代表了其商业需求。奥古斯特·孔德的实证主义哲学明确阐述了秩序至上的原因。维奥莱公爵在建筑学和考古学领域

的研究志向得到了基督教世界的赞颂。

在英格兰，维多利亚女王的统治也被认为是善治。在美洲，废奴主义者在漫长的南北战争中取得胜利，同样被理解为是道德和正义的胜利。

工业时代创造财富的势头，让人感觉幸福似乎已经触手可及。整个社会随着奥芬巴赫的音乐疯狂起舞，为拉比什的喜剧开怀大笑。梅里美举办盛大的娱乐活动有时很风雅，而更多的时候却近乎庸俗。

在这个轻浮的文化氛围中，其他艺术家就没有那么幸运。福楼拜被指控为淫秽，受到同样指控的还有波德莱尔 [现代派诗人]，死了也不为人知。克劳德·莫奈和其他印象派画家的早期作品被认为是可鄙的。

在奥斯曼男爵的管理下，大巴黎被撕成了碎片，整个城市卷入了一波前所未见的地产投机活动。短短几年，巴黎已经面目全非。圣安东尼郊区的家具师和一些黑檀木器大师一样，忙着装修所有这些新建的联排别墅和公寓来获取财富，根本没有时间尝试创新，所以他们选择大量的、胡拼乱凑在一起的、可以想象到的最不规则的家具。不过，没想到的是，他们创造了一种风格。

国外：
英国：
维多利亚风格
意大利：
意大利民族复兴风格和新哥特风格
西班牙：
末期伊莎贝拉风格

家具

这个时期的家具造型暴增，一方面是对早期风格的不停模仿，另一方面是旨在满足新需求的小型家具也在不断地发展。所以，想要详尽地搜集整理第二帝国时期的家具是不可能的，我们只能介绍一些最有特色的、最流行的类型。

起初，应当注意的是，在这个时期几乎没有家具能够摆脱三个主流的复古主义的影响：文艺复兴风格，路易十五风格（洛可可）以及路易十六风格，它们有时独立存在，有时相互融合。前两个风格处理起来都相当的随意，但是第三个风格，在很大程度上应当归功于欧仁妮皇后的资助，她将玛丽－安托瓦内特当成自己的偶像，明确而彻底地模仿路易十六式家具，形成了路易十六－皇后风格。

材料和技术。第二帝国时期的黑檀木器师在这两个领域几乎没有创新，相反，他们巩固了前期出现的两个趋势：即使用暗色木材并完善了机器辅助生产工艺。

木材。大多数法国豪华家具的前期用材这个时期仍在使用，但也有偏重，黑檀用于制作文艺复兴和路易十五风格的家具以及仿布勒镶嵌。北美油松是一种带淡红木纹的黄色木材，作为最便宜的进口材，此时大量从北美引入；染黑的梨木、胡桃木、郁金香木以及紫杉木也颇受欢迎；那些黑漆木及染黑木制作的小件家具以镶嵌或彩绘装饰，流行时间极长。

混凝纸。此材料由英国人在19世纪初发明并成为时尚，法国在1850年开始使用。它由纸浆和强力胶注塑成型，无需雕刻或切割，这样便可匹配当时原始的工业制造技术。混凝纸通常镶嵌螺钿，用于制造座椅、杰瑞登桌和其他小家具，但是这种材料很脆，这也是为什么用它制作的家具现今极为罕见的原因。

水煮皮革是皮革在沸水中软化、塑形，然后烘干，造法与混凝纸相似。

镀金青铜。电镀这种新工艺大幅降低了生产成本，使得镀金青铜不再局限于框架和箱式家具（桌、书柜、床等）的装饰部分。它常用来模仿竹子的造型。

装饰

底座雕成美洲印第
安人像的杰瑞登桌

仿布勒镶嵌

黑摩尔人造型
的烛台

漆绘面板

大漆台面

装饰

圆徽形塞夫勒瓷板及镀金青铜边框

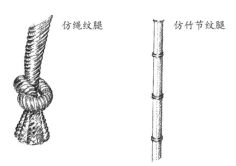

仿绳纹腿　　　仿竹节纹腿

路易十六－皇后风格

德国人纪尧姆·格罗厄（Guillaume Grohé）于1827年定居法国，他第一次受到收藏家们的关注是在1834年法国工业品展览会上，他展示了制作精良的折中主义家具：带有哥特式镶嵌的桃花心木家具、新文艺复兴风格家具和精雕细琢的新埃及风格家具。玛丽·奥尔良公主随即成了他的狂热主顾，而后路易·菲利普也收藏了一些他的新文艺复兴式家具。但其真正成名是在第二帝国时期，他为欧仁妮皇后仿制的路易十六式家具大放异彩，欧仁妮极为喜欢这种风格，为其皇宫订制了大量的此类家具。随着格罗厄的成功，路易十六－皇后风格开始盛行，很多华丽的室内装饰也跟随其道。

铸铁。这种此时可以廉价生产的工业材料开始出现在家具中，而且是用在大型的豪华家具上，尤其是长椅、床和杰瑞登桌的支座。

技术。在家具制作的所有领域，机器已经被广泛使用：如线脚、贴面、车镟件和镶嵌等。

许多部件（支柱、腿、裙板、面板及装饰物）皆以标准化的形式量产。即便如此，家具的整体质量依旧保持着高水准。此外，一些宫廷御用黑檀木器师仍继承了法国奢侈品的传统制作工艺。纪尧姆·格罗厄和他的弟弟让·米歇尔（Jean-Michel），还有亨利·弗狄诺瓦（Henri Fourdinois）、马克西姆·卡龙（Maxime Charon）、阿方斯·吉鲁（Alphonse Giroux）以及让塞尔姆（Jeanselme）都是其中的佼佼者，他们的作品也最为昂贵。

装饰

第二帝国时期的装饰华丽丰富、变化繁多，广泛地拓宽了材料和技术范围：包括镀金青铜件、黄铜、锡镴、象牙及螺钿镶嵌；金漆木雕；瓷板；木胎彩绘；大漆板，等等，只有镶嵌细工相对失宠，不过也没有完全消失。

文艺复兴、路易十五和路易十六风格的母题此时变得很时尚，但是反映远东、非洲和美洲土著的题材也备受追捧。如同路易十六－皇后式家具一样，有时候对于古老形式的探求会溯及很远的历史时期。

装饰语汇此时丰富异常：如模仿布勒镶嵌的阿拉伯卷须饰；路易十六－皇后式家具上的花束（玫瑰和野花）；远东家具上的鸟、宝塔、回纹和肖像等。

毫无疑问，这一时期真正的原创母题是：

● 把女性黑人雕塑作为矮桌和杰瑞登桌的支座；

● 新洛可可式镀金青铜边的圆徽形瓷板；

● 座椅框架上的仿绳纹和仿竹节纹。

床

通常由用黑檀木、暗色木或铸铁制成，厚重雄伟。大多数床有竖直或卷曲的端板，且床头板高于床尾板。床腿很短，或车镟或雕花。整体装饰深受布勒、路易十五（洛可可）和帝国时期原型的影响。

许多新文艺复兴式床也在生产；由野生胡桃木或橡木制作，厚实的帐盖以蛇形柱或女像柱支撑。

桌、杰瑞登桌、托架桌

大型餐厅桌在这个时期都非常乏味：忠实地复制路易十六式或英国摄政式的

铸铁床　　　这种技术用于制作过度装饰的、源于英国或意大利的洛可可式家具。

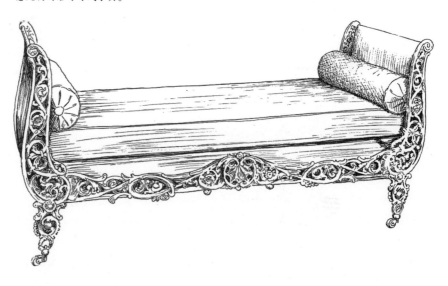

套桌

女红桌

折叠桌的桌面

折叠桌的三脚架

落叶式夜桌

镀金青铜竹节腿三层杰瑞登桌

圆桌，或者更为少见的意大利文艺复兴式的卡特布伦桌（cartibulum）。

另一方面，第二帝国时期明显钟爱小型多功能桌，尤其是杰瑞登桌和托架桌。

大多数桌子都由染黑的木材制作，并装饰漆绘彩画（通常为花卉，偶尔为中国风设计或文艺复兴式的卷须饰）。

一些第二帝国时期的桌子形制值得单独阐述：

女红桌在这个时期更像是个工作架，由长方形的箱柜和带铰链的盖板组成，饰以彩绘或镶嵌设计，由四条极度弯曲的长腿支撑，腿间经常以搁板作为横枨。

折叠桌有一个圆形或长方形桌面，通常镶紫铜边，桌面被固定在三脚架支撑的一个精巧的转轴上，可以沿转轴翻转到垂直状态。此类家具皆有丰富的镶嵌或者彩绘装饰。

套桌。桌腿上有一到两个横枨，正好可以逐个放进另一个桌子下面，合起来后可方便存放。这个时期的套桌大多做成一套四件，但是三件或五件的套桌也有制作。

套桌的长方形桌面装饰有时完全相同，有时为同一母题的不同变体：最常见的是以花环围成的大型圆徽图案。

游戏桌。游戏桌和现代的桥牌桌很像，覆盖毛毡的长方形或方形桌面可以沿中线对折，除边缘的一圈以外，折叠后的桌板装饰镶嵌或彩绘的花束。

游戏桌的望板很高且富于装饰，桌腿为路易十五式或路易十六式。

杰瑞登桌。第二帝国时期的杰瑞登桌有两个独特的特征：

• 女像柱杰瑞登桌，由厚重的木雕肖像支撑（镀金或彩绘），通常是跪姿、头缠布条的美洲印第安人或黑摩尔人造型；

•"竹节"式杰瑞登桌。细高的小桌有四条塑成竹竿造型的青铜腿，有一层或多层搁板，搁板以雕花玻璃或镶嵌装饰的木板制作，搁板及桌面的边缘同样为青铜竹节造型，足端可以很精细，也可以很粗糙。

这个时期的杰瑞登桌也用暗色木材或者带镶嵌的混凝纸制作，桌面多为圆形或长方形。

第二帝国时期最出色的**托架桌**相当沉重，包括一个狭长的桌面和女像底座。有些实例为青铜打造，通体镀金；或者用铸铁制作，以彩绘装饰。

梳妆台在此时期开始非常华丽，以镶嵌、彩绘或者瓷板装饰。雕花的镜框偶尔有三角楣装饰。

第二帝国时期的**夜桌**有纺锤形或车镟的长腿，以及一到两个抽屉或者储物格。桌面以镶嵌或大漆涂饰的彩绘母题装饰。一些实例有一到两个落叶翻板。

路易十五风格的女士桌

书柜

书桌和秘书柜

大型书桌迅速增多，但几乎没有创新，完全依赖帝国时期流行的原型。但存储功能此时变为优先选项，与祖辈相比，它们有了更多的抽屉和收纳格。

更诱人的是小型的"女士桌"，模仿的原型是路易十五时期美丽的幸福时光桌。青铜仿竹构件、螺钿镶嵌、瓷板，甚至锡镴镶嵌皆被用来装饰其桌面、望板，以及桌面上众多的收纳格。其他的书桌，从路易十六到帝国风格的小型书桌都有生产，多用彩绘或大漆修饰。

第二帝国时期的秘书柜皆源于其路易十六时期的翻板式祖先。总体的造型和内部结构没有变化，但是其装饰变得更加醒目：顶端和底部的线脚更为突出，皆安装了厚重的镀金青铜饰件。有些实例中还设置了镂空的搁板。

柯默德柜

第二帝国时期的大多数柯默德柜为布勒式（见第29页）或路易十六式先例的仿品，但也有少量创新。此时的柯默德柜相当高（43～45英寸，约合109～114厘米），黑檀木或大漆木制作，盖板为大理石制。两扇合页门带有丰富的镶嵌和青铜件装饰，打开后可见三到四个抽屉。柜体下方为宽板脚或扁球脚。柜体的边角位置亦挂有丰富的装饰件。

路易十六式矮柜

大衣柜

第二帝国时期的大衣柜高而窄，顶端装饰大型中断式三角楣，而且经常只有一扇门，门上设一面椭圆形或长方形的镜子。总体来说此时的大衣柜不太显眼，工匠们对这种家具形式也不太感兴趣。大衣柜多用染黑的木材制作，以彩绘或镶嵌装饰，底部的基座没有抽屉，下方为球形脚。

书柜

尽管和路易－菲利普时期的实例相差无几，但书柜的数量激增。

新－哥特教堂风格的书柜依旧颇为流行，但也出现了一个新形制。新书柜为两件式，以染黑木材制作，其下部的基柜为封闭式的，上部有两到三扇玻璃门（有时装金属窗格）。装饰（线脚、青铜件、镶嵌以及彩绘设计）丰富而且相当厚重。

矮柜

矮柜已经非常普及。矮柜是柯默德柜和矮餐具柜的后裔，经常作为正式家具放置于会客类房间（门厅、沙龙）。它们丰富的装饰多为布勒风格（详见第23页）或路易十六风格，尤其是门板，装饰极满。

餐具柜

这种家具此时已经很难在奢华的

面料商是关键

我们会惊奇地发现，这个时期的家具胡乱混搭，没有任何和谐感。不过，这些风格迥异的家具是以无数模仿壁纸和贵重皮革的花缎、印花棉布、彩花锦缎还有热那亚天鹅绒等面料联系在一起的。地毯和织毯在装饰中也扮演着重要的角色。故而，风格的统一是由面料商实现的，是他们定下了基调、调和了整体。对于第二帝国风格的确立，他们的作用是决定性的。

绳纹腿软包凳

底座为黑摩尔杂技
演员造型的威尼斯
式软包凳

场合见到了，逐渐被餐边柜和托架桌取代。而另一方面，当时被称作"亨利二世"（详见第13页）的餐具柜，经常配置于资产阶级家庭；而且一直流行到此世纪末期。在此期间（橡木多于胡桃木）制作的餐具柜通体皆为高浮雕装饰，极为厚重、醒目。

橱柜

新文艺复兴式橱柜（模仿法国、意大利及西班牙等国文艺复兴时期的珍品柜）在这个时期变得相当俊逸。这些家具体型庞大、制作精美，线条和比例更为严格地遵守其祖制。相比之下，它们的装饰却有点怪异（宗教主题或者源于远东的大漆镶板）。很多实例由黑檀木制作，而不是真正的文艺复兴时期橱柜所使用的胡桃木或者橡木。

座椅

座椅占据第二帝国时期家具生产的主导地位，从未有过品类如此繁多的靠背椅、扶手椅、长椅、凳和软包凳被制作出来。其中，有些就是以较高的水准直接复制路易十五和路易十六时期的作品，一些为宫廷和权贵工作的黑檀木器师专攻此道，其作品至今仍可骗过收藏家的慧眼。

注：在1860年前后，家具开始用藤条制作，但这种材料直到后来的第三共和国初期（1870年代）才开始广泛流传。

藤编家具　　玛蒂尔德公主（Princess Mathilde）在库塞尔街上的"温室沙龙"为这种家具掀起了流行的热潮。藤条编制的家具是为这个室内花园定做的，花园的一侧为玻璃墙，里面用大花盆和花瓶栽种了棕榈树、花卉和一些外国的奇花异草。在这个世纪的末期出现了中央供暖，也使这种奇特的家具开始被中产阶级家庭所接受。

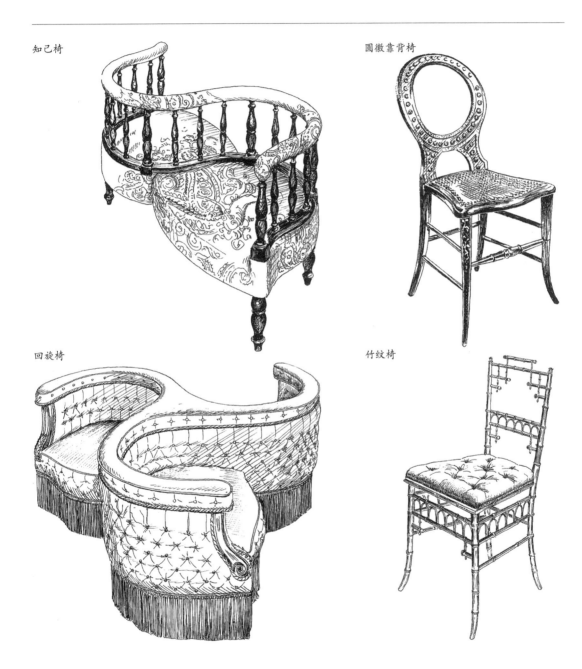

知己椅

圆徽靠背椅

回旋椅

竹纹椅

绳纹椅

中式椅

软包凳在当时相当时尚，尤其流行以下两种形式：

● 通体软包，附带的裙边遮住凳腿；

● 软包坐面，下撑四条短木腿，腿间以 X 形横枨加固。腿部造型模仿绳子、竹节或洛卡尔。

凳子延续传统的 X 形或者执政官形式，但最昂贵的是以雕塑黑摩尔人或神话人物雕塑为底座、带有大软垫的凳子。

知己椅和回旋椅带整体软包或软垫，在第二帝国时期出现。偶尔，这些家具还有镀金雕花的靠背和腿足。

第二帝国时期的**知己椅**也称面对面椅（以区别于 18 世纪的同名设计，见第 77 页），由两把扶手椅反方向并肩排放，并由一个共用的蛇形靠背连接（靠背顶部的横梁同时作扶手使用，俯视呈 S 形），不做软包。

回旋椅类似组合设计，包括三把扶手椅，逐个围绕 个中心点以单侧相连，靠背顶端横梁同时也作为扶手，俯视呈螺旋形。

长椅在此时有很多形式，能坐下两到三人。模仿的风格非常宽泛：路易十六式、路易 - 菲利普式等等。其中一部分甚至模仿蟾蜍椅（详见第 134 页）。

椅岛是最具代表性的形制，平面图呈圆形或者椭圆形，由三个双座长椅背对一个三角形的中轴组合而成，中轴顶端饰青铜、陶瓷雕塑或金漆木雕。椅背在相邻处明显外展，框架部分以软包掩盖。

靠背椅，很难在第二帝国时期的靠背椅中找出一个独特之处，节省材料可能算得上，因为此时比以前更偏爱薄框的椅子。不管怎样，还是有几件特

炉边椅

软包靠背椅

别普及的形式需要提及：

经典的第二帝国式**圆徽靠背椅**有藤编坐面和四条轻微外撇的椅腿，靠背由两个短柱支撑一个简单的圆徽造型。

竹纹椅的腿部和靠背支柱以木材，或偶尔以涂本色漆的青铜模仿竹节造型制成。其坐面和靠背皆为长方形。

一般来说，第二帝国时期的绳纹椅带有路易十五和路易十六式的线条，但是其腿部、横枨、座框和靠背用暗色木或染黑的木材雕成打结的滚绳状。坐面通常以丝绸包覆。

中式椅由染黑的木料制作，带有螺钿或象牙镶嵌，有很多变体。造型大多低矮、长方。但偶尔也有较高的形式带有路易十五式的线条。

炉边椅有矮座面和相当矮的长方形靠背。它们由染黑木材、混凝纸或者镀金木制成，有时其框架做成仿竹式。座面有软垫包覆，偶尔在坐面边缘有一圈垂及地板的流苏或排苏将椅腿遮住。

软包靠背椅同样低矮，但通体软包（框架不可见），椅腿经常隐藏在垂幔式的裙边织物内。

喧闹椅有软垫和车镟木杆制成的梯状靠背。

扶手椅。一般来说，第二帝国时期的扶手椅基本上都是模仿前期的造型，但也有一些实例更矮并且带有缩位扶手（给女士的裙撑留出空间）。

● 软垫非常普及，蟾蜍扶手椅（路易－菲利普时期出现）仍旧流行；

● 帝国式贡多拉椅依然很时尚；

● 以螺钿镶嵌的彩绘混凝纸扶手椅当时也很流行，造型为奇特而夸张版的路易十五式或英国摄政式。

瓷在拉丁诗句中被描述为一种令人羡慕的
材料。

——阿尔弗雷德·德·缪塞［法国诗人］

陶瓷器

彩绘无釉陶雕像

乳白玻璃花瓶

珠母香水盒

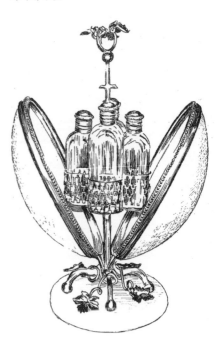

彩绘无釉陶烟草罐

混凝纸首饰盒

银器

茶泉

蛋杯

长颈瓶底座

咖啡壶

蔬菜盆

1900 风格

1900 年是一个有象征意义却也模糊不清的时间概念，是 20 世纪的起点，而法国人广泛使用这个时点来定义从第二帝国结束的 1870～1871 年到第一次世界大战之前的时段，其更多的是代表 1900 之前而非之后。这是一个温和的总统与激进的资产阶级并存的时代，是第一辆汽车和最后一驾马车并存的时代，也是一个身着紧身胸衣的优雅贵妇和工业新贵并存的时代。法兰西看上去繁荣而富足，平静而忙碌。法国的自由、进取和艺术成就如同纽约港的自由女神像一样照亮了全世界。威尔士亲王和克莱尔·德·梅罗德 [芭蕾舞演员] 明目张胆地出现在公众面前。费多的喜剧和德雷福斯事件当事人的演讲，与埃菲尔铁塔和宗教复兴者卡斯特兰宏伟的玫瑰宫、早期飞行家的英雄事迹、密斯盖丹 [红磨坊的舞后] 的性感表演以及贝恩哈特 [当时的女演员] 的怪癖行为，皆博得了同样的喝彩。

室内装饰也受到了相应的影响，就像浅薄新奇的新技术和前卫艺术一样矛盾而短暂。故而，法国珍贵的手工艺传统被认为具有不可撼动的地位。所有传世的老家具都受到赞美，与人们想象的不同，包括刚刚结束的第二帝国时期的风格在 1900 年之前依旧流行。

专家和大众同样感觉这个时刻是和谐发展进程的完美结局，所有的事物都已经被讨论了，风格问题像文明本身一样也达到了终极阶段。

但是，对这种肤浅的自负并非没有异议，许多知识分子和艺术家对即将到来的剧变已经有所警觉。由于经常被嘲笑和蔑视，工匠们的创新很少能获得成功，他们转而去做些偏门的手艺（艺术品、珠宝、小摆设）。对于创新的不解并不仅限于装饰艺术领域，这是对所有文化革新的整体反应：梵高和高更不如马拉美和普鲁斯特受人尊重，更不必说居里夫妇、阿德尔 [第一架飞机的发明者] 及电影导演梅利耶斯。这个时代拒绝了它的先锋，好像害怕知道未来就为它藏在那儿。在室内装饰领域，最突出的前卫趋势就是现代风格，其变体在整个欧洲的不同国家以不同表现形式和称谓出现。距离一战所带来的巨变尚远，在这个自我满足的时代，只有法式风格，仍在为发明和创新而努力。事实上，这种风格与同期流行的历史折中主义没有任何关联，所以它在现在看起来更加重要，因为这是独立于 19 世纪风格之外的，20 世纪的第一个典型风格。

家具

在 1900 年前后，对所有国家的所有历史风格进行了狂热的复兴，从中国到西班牙、从布勒到哥特，都找到了运用到家具上的方法，不过有些风格的确比其他的更让人赏心悦目。

盛期中世纪风格和文艺复兴早期风格尤为得宠：所有携带了中世纪和基督教韵味的事物皆被视为时尚，各类异域色彩的条纹和繁茂的洛可可造型一样受到人们的喜爱。但是这一时期的家具也明显受到了西班牙、意大利和英国的影响，表现出了原创的乏力，那些年唯一被勉强接受的创新尝试就是：现代风格。

不管怎么说，各种风格的融合势不可挡，以至于现代风格自身有时也还是借鉴了一些早期家具的设计元素，不过很少采用其形状和装饰语汇，除非是整体造型的变化和扭曲。其结果是惊人的混杂，1900 年前后，家具制作的矛盾趋势就像是站了十字路口。

在许多方面，包括**新艺术运动**在内，现代风格依然是理论家的风格，保留着实验性的特点。如果说它对这个时代有着意义深远的影响，也是因为它在主流家具设计领域是唯一的原创风格。但是其打破传统的计划太过激进，无法迅速获得成功，当时的历史环境阻碍了其广泛的传播。1885 ~ 1900 年间，一些工作室里出现了一批优秀的家具制作师（马若雷勒、瓦兰、加莱、盖拉德、柯纳），他们中的很多人也是瓷器设计师、金器设计师以及玻璃器设计师，他们在 "一战"（1914 ~ 1918）时期不再辉煌，第一次世界大战让那个美好年代的繁荣和快乐在世纪之交残忍地结束了。这也可以解释为什么这种风格中缺乏具有代表性的佳作，尤其是一些重要家具形式的缺位，如秘书柜和柯默德柜。所以，我们现在无法想象出一个完整的，或者部分的由现代风格家具装饰的室内场景。

材料和技术

1900 风格。当时所有的材料和技术都被家具制作师所采用，他们生产单体家具或系列家具，寻求所有可能想到的风格原型，从古埃及一直发掘到英格兰的凯尔特风格，后者因评论家约翰·罗斯金（Jonh Ruskin）和艺术家伯恩－琼斯（Edward Burne-Jones）的影响在英国流行。

工匠们甚至去复原那些失传已久的技术，例如在古犹太人和古代苏尔人航海家之间流传的彩虹玻璃，以及公元前5世纪希腊人珍爱的金镶象牙雕塑。

家具师此时已经能够熟练地规模化生产仿哥特式、仿文艺复兴式和仿路易十五式的作品。而且此时也出现了一个有趣的技术发展趋势，即人工做旧木材，可以批量地复制老家具，而且看上去很像非标准化的手工作品。与普遍的认识相反，此时金属材料的运用主要是看中其功能特性，尤其是用来制作折叠家具和变形家具。

现代风格拥有自己独特的材料和技术。

此时明显出现了两种相反的发展趋势：一方面，像路易·马若雷勒（Louis Majorelle）和欧仁·瓦兰（Eugène Vallin）那样的黑檀木器师以昂贵的材料制作豪华家具；另一方面，圣安东尼郊区的工坊使用廉价的材料复制法国和英国设计师的作品，为巴黎的百货公司（莎玛丽丹、巴黎春天、老佛爷、创新百货）生产系列家具。这些家具为普通工匠所造，存世极少。

木材。现代风格促进了木材的回归，比如在第二帝国时期被忽视的，曾经在18世纪和拿破仑时期流行的巴西桃花心木。

除了桃花心木外，黑檀木器师用来制作硬木家具和贴面的材料还有橡木、胡桃木和梨木。黑檀木、西克莫槭和胡桃木则用于镶嵌细工。

借助机床生产的家具使用的是廉价木材，主要是多树脂树种，用大漆装饰，或者涂成亮色，偶尔甚至是白色。

金属。随着金属加工业的技术进步，设计师们明显偏爱那些"现代"材料，以埃菲尔铁塔（1889）为代表的新建筑的成功，鼓励了很多艺术家、装饰师和制作师去大胆地使用铁、钢、青铜和铸铁，全然无视传统观念中金属材料所固有的粗鄙形象。金属材料通常制成缎带、蛇形杜、涡卷饰和卷须饰，主要用来强调甚至是夸大家具弯曲的线条。因为容易操控，它们可以做成攀爬的藤蔓或者实现各种夸张的造型。它们也用于制作一些功能性的家具，尤其是浴缸和取暖炉，可以使用其他风格同样的扭曲和有机的现代造型，但还不能接受纯功能主义的形式。

金属的表面大多是未经处理的。镀金青铜和彩绘铸铁逐渐消失了，但涂装搪瓷釉的铸铁制品已经应用于厨房和卫生间。贵重金属有些失宠：如紫铜、锡和银曾经在第二帝国晚期举足轻重，现在变得很少见了。这些材料此时广泛应

装饰

1900 风格：玫瑰花

1900 风格：花卉

现代风格：海草、高迪设计的椅背

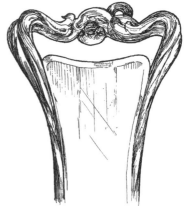

现代风格：风格化的兰花

现代风格：枝和鸟

材料与技术

现代风格：缎带和涡卷饰

现代风格：柔韧的线条

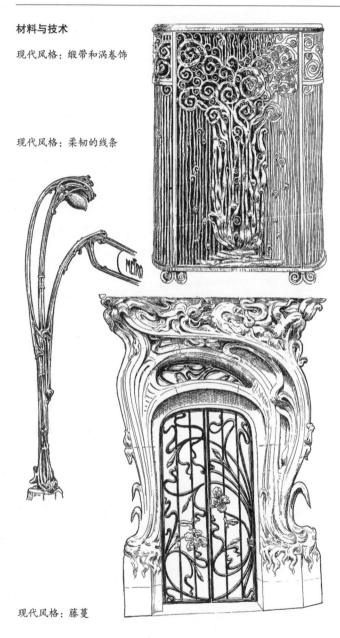

现代风格：藤蔓

用于装饰配件，不过，没有一件用在真正的现代风格的作品上。

注：一些新材料的尝试：

● 将织毯设置在浅线脚为框的面板中心（床头板、餐具柜）；

● 染色、着色以及氧化的玻璃，用于玻璃书柜。

装饰

1900 风格借鉴并夸大了早期的装饰风格，随心所欲地处理这些装饰元素，不过，至少在豪华家具中体现了很高的材料和工艺水平。在这些作品中，有两个主题特别突出：一为以各种方式融合哥特元素和文艺复兴元素的基督教意象，一为借鉴了后期所有的造型而设计出来的裸体塑像。还有一个母题，因民心所向而必须单独提及：玫瑰。

现代风格在装饰领域具有相当大的革命性，它不再是以事后附加的雕塑件体现在产品中，而是将其完全融入形式和结构中。

在极端的案例中毫无实用主义的考虑，例如艾米里·加莱（Émile Gallé）和埃克托尔·吉马尔（Hector Guimard）的设计，整件家具都变成了艺术品。但这种革命性的方法并不多见；很多现代风格的作品中或多或少地出现了传统的装饰。然而，即便如此，对于像洛卡尔、高浮雕和装饰板这类源于早期家具装饰

装饰

奇幻的植物

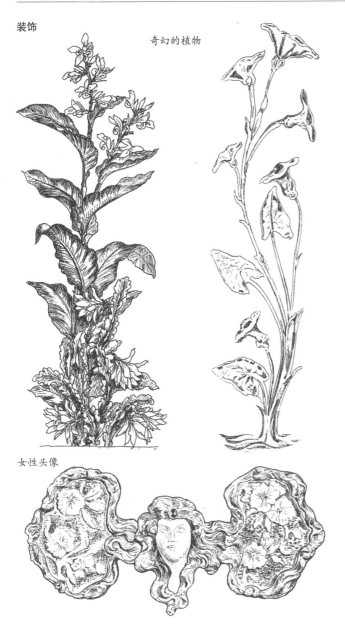

女性头像

的利用，也只是保留了其基本线条而已。

这一时期的家具有时也会使用镶嵌细工装饰，但是也同样表现为细长的曲线、蜿蜒的卷须和柔顺的枝条，采用珍稀的木材、象牙或者偶尔使用紫铜来实现。

母题。**植物学（ botanical ）**几乎是现代风格唯一的灵感来源，水生植物（睡莲和海藻）、热带藤本植物，以及几乎没有叶子的竖直长茎都很突出。除郁金香外，玫瑰和其他在花园里常见的花卉也几乎消失了。相反，兰花等各类奇花异草则经常出现，表现手法也极具想象力。

不久以后，这些植物的设计变得近乎迷幻：浓密而且迅速消散，使人联想到女性蓬松飘洒的头发。

其他的装饰母题非常罕见：鸟，有时出现在日本丝绸的仿品上；蛇；还有面部几乎消失在其长发波浪中的女性头像。

几何装饰则完全消失。缠绕、涡卷和弯曲的形式尽管有时更像是零零散散的设计稿，但绝非是抽象的。相反，它们总是兼有一种激发人们诗意般幻想的作用。

床

1900 风格的床是哥特式、文艺复兴式以及路易十五式床的复制品，恢复了华盖和床柱，不过样式通常很荒诞。黑檀木器大师们在这个时期的实例上做

现在看来，最古老的反而是当初看似最现代的。
——安德烈·纪德［法国作家，
诺贝尔文学奖得主］

工极佳，但忠实地再现历史并不是他们的诉求。用符合大众情趣的方式去解读古老的元素，新中世纪式的床头装饰包括圣徒、裸女和青年男性雕像的壁龛；床柱装饰以所谓的水生植物或异域植物主题；床垫的高低取决于雇主或者买主的喜好。

现代风格试图推行一种新型的床。其床垫很低，两个端板高度有明显的差距，以橡木或桃花心木的简单线脚突出的轮廓略显弯曲，线脚从每条腿一直延续至临近的另一条腿。线脚制作的边框内镶嵌亚麻色木或者椴木镶板，镶板上经常装饰镶嵌细工图案（花卉或"日本"风景画）。

这些边框的线脚造型纤细，颜色深暗，有时是多重线脚叠加出现，线脚在运动过程中相互突出，使其曲线更加显著，有些会觉得很像蝴蝶翅膀的线条。

桌

1900 风格。一些最典型的桌子为厚重的新文艺复兴式家具，有大理石、桃花心木或橡木制作的台面和雕刻繁冗的腿部及底座。但此时源于远东的矮桌也明显增多，桌面带有丰富的细工镶嵌或者镶嵌装饰（象牙、螺钿和异域木材，偶尔还有彩色玻璃和半宝石）。

现代风格，意外的是，制作了大量的不同形式和尺寸的桌子。它们的共同

1900 风格：本色青铜基座及大理石台面托架桌
女像柱和垂花饰是新文艺复兴风格，但整体感来自巴洛克风格的原型

现代风格：杰瑞登桌

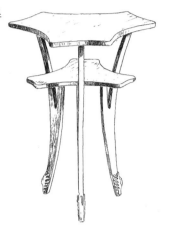

现代风格：大衣柜

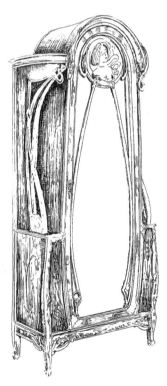

特征为：

● 面板避开传统的几何造型（如长方形、圆形、椭圆形），倾向于采用带有曲线轮廓的特异形状，形似花卉或波浪；

● 腿部或支架皆为曲线形，避免传统的对称样式，通常很粗且没有装饰；

● 面板和桌腿往往用不同的木材制作。

大衣柜

1900 风格的大衣柜依旧偏爱布勒式和路易十五式的样式，同样受到欢迎的还有带镜子的路易·菲利普式、第二帝国式和黑鬃螺钿装饰的"中国"式大衣柜。

现代风格制作了一些高大、且不带三角楣的大衣柜，带一扇或两扇轮廓弯曲的柜门，装饰蜿蜒的线脚，其腿部细长略弯。

裙板和边柱有时饰有浅浮雕植物母题，这种情况下，其侧面也用线脚装饰。

有些还设置一个至两个抽屉，或者，在柜体两侧装设异形小搁板。

餐具柜

1900 风格。19 世纪中期出现的"亨利二世"餐具柜仍然被人们所喜爱。这些家具的处理比较自由，有时比文艺复兴时期的原型小。

1900风格：带有镀金青铜底座和青金石镶嵌的"亨利二世"黑檀餐具柜。此家具属于伯爵夫人派瓦（Païva），现收藏于法国巴黎装饰艺术博物馆。

渐渐地，装饰背离了文艺复兴时期的形制：高浮雕被浅浮雕元素取代；古典肖像消失了，取而代之的是基督教和伪历史主义的意象。三角楣经常为中断式，变得庞大而繁琐。基于半工业化的规模生产，这些组合出售的奇幻"餐厅套装"，与公认的文艺复兴风格毫无关联，人们对此也兴趣索然。

现代风格的餐具柜硕大而略显笨重。材料多用梨木，偶尔也用胡桃木。其下部设二或四扇木门。上部的顶柜很像一个独立的大衣柜，柜门镶染色玻璃或磨砂玻璃，有时装设花窗格起保护作用。顶柜的边柱和檐口有十分明显的曲线。装饰保持最小化，通常只是用弯曲的线脚制作门框和下部基柜的顶沿。门面有时用木片或其他更为珍贵的材料镶嵌装饰。

这些餐具柜经常被视为成套家具的一部分，其曲线和线脚在设计时考虑了与其他家具的协调关系。甚至，有时继承了18世纪的优良传统，与整个房间的室内装饰实现了协调一致，比如欧仁·瓦兰曾经在南锡设计的一家餐厅即是如此。

第一批古董商

他们出现在1870之后不久。此前，没人关心老家具的真伪；实际上，复制品往往更受欢迎，因为它们比原件更坚固。直到此时，古董家具才成了收藏家和金融投机的对象。但行家却很有限，第一批伪造者在1880年前后开始行动，他们在一些不良企业的怂恿下，使用新技术（如木材快速做旧），制作出与使用法国传统工艺一样出色的作品。而且，其中许多工匠也仍然在使用18世纪的工艺，所以，这些产品通常只能说是"半伪品"：部分真品有时也被混入新品中。当然，此时伪造的签名比较容易识别，所以愚蠢的专家现在也很少。

柯默德柜

1900 风格。在 20 世纪初期，路易十五和路易十六式的柯默德柜成了人们的宠儿。

现代风格的设计师对这类家具似乎并不是很感兴趣，尽管路易十四时期以来它们的人气毋庸置疑。不过，由欧仁·瓦兰和加莱有些较为罕见的设计，使我们大体能够描绘出一个典型的现代风格柯默德柜：一个由亚麻色木材制作的抽屉柜，长腿及横枨雕刻纤细蜿蜒的线脚装饰。装饰仅限缠绕和交织形式的图案。面板有时以镶嵌装饰（山水、花卉、海藻）。

书桌

1900 风格。意大利文艺复兴式或巴洛克式书桌成为风尚。在私人宅邸，部长桌不再受宠；这个叫法虽然还没成为通用名称，但已被视为过于"功能化"。此时的折中主义思想使人们更加偏爱路易十五和英国摄政风格的样式。

现代风格的书桌得到了收藏家的长期关注，这种家具形式显著的功能性特征与"非理性"的趣味以及不规则的造型明显违和。设计师们面对困境所提出的方案总是不太乐观。和类似的其他桌面一样，现代风格的面板从未有过简单的几何形状；偏心曲线形的轮廓就是其造型规则。有时桌面上会设置一个小卷柜，边缘也用线脚装饰。桌面由两件不对称的抽屉柜支撑，抽屉柜通常边缘肿胀，底端设置四个有机造型的短粗柜脚。有时桌面的下方两侧皆为不规则造

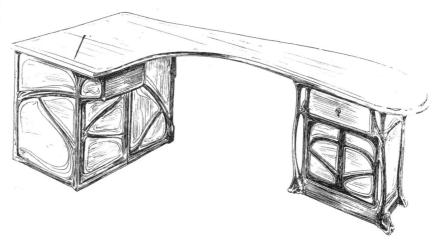

现代风格：由建筑师赫克多·吉玛德设计的大型不对称书桌，用线脚勾勒出睡莲的叶脉。此作品现存放在纽约现代艺术博物馆。

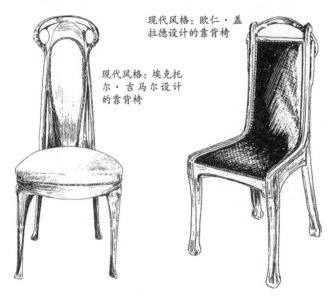

现代风格：欧仁·盖
拉德设计的靠背椅

现代风格：埃克托
尔·吉马尔设计
的靠背椅

1900 风格：汲取哥
特式灵感的靠背椅

1900 风格：汲取路易
十五式灵感的扶手椅

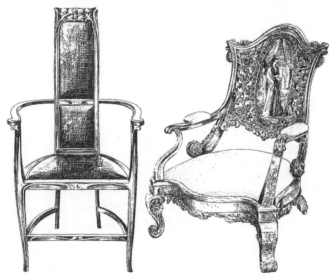

型的格架。

装饰简素：扭曲的线脚和（或）独立式的枝状支柱曲折婉转地布满抽屉柜的箱体。

座椅

1900 风格。在第二帝国时期开始出现的复古主义情趣依然流行。制造商继续生产新哥特式高背椅和扶手椅，以及凳、软包凳、炉边椅、扶手椅（路易十五风格为主）、高靠背椅或矮靠背椅，丝毫不顾及整体的一致性，总是自由随意地诠释过去的风格。

家具的面料只是起到了些许的补偿作用，成为风格的调节元素。一个明显的偏好就是在暗色丝绸或色丁上印制、刺绣植物或动物母题，含混地模仿了远东风格。

现代风格坚决反对这种杂货铺似的复古主义的方式。现代风格座椅的简洁线条给人以全新的印象。通常情况下，它们没有雕花、镶嵌细工或镶嵌装饰，因为现代风格的倡导者主张其造型本身就足以成为装饰。

靠背椅和扶手椅通常遵循同样的原则：

• 腿部、座框、扶手和靠背的线条尽可能连续，这些精妙的曲线被用来创造视觉情趣；

• 靠背非常高；其竖直、略微倾斜

现代风格：床头柜

现代风格：艾米里·加莱设计的女红桌

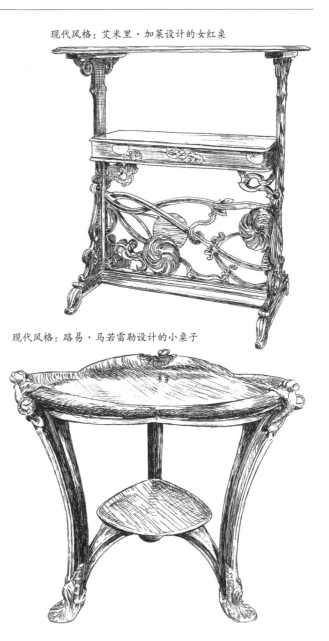

现代风格：艾米里·加莱设计的防火屏

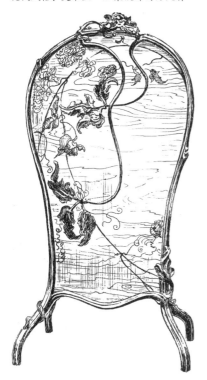

现代风格：路易·马若雷勒设计的小桌子

的边框同柔和弯曲的搭脑相接，并通过藤蔓植物形状的线脚加以强调；

● 靠背与坐面没有间断，使纹样能够在两者之间一直延续，在整体效果上充斥着一种绵延或飘渺的魅力。

注：现代风格的设计师们也会以相同的思想制作圆徽椅、长椅，以及与餐厅相匹配的全套家具。

小家具

1900 风格。小家具从第二帝国时期开始持续风靡，但此时复兴的风格范围扩大了，导致当时的房间好像一个小型家具的大杂烩，其中每一件都强调是原创的，是与众不同的。不过还是明显偏爱教堂式陈设（祈祷椅、阅读桌）和土耳其艺术（铜桌面、软包皮凳）。

现代风格。此风格的小型家具实在无法尽数。我们仅列出一些最有特色的类型。

埃克托尔·吉马尔　建筑师埃克托尔·吉马尔（Hector Guimard，1867～1942），新艺术运动的创始人之一，或许也是最杰出的现代风格设计师。在 1900 年前不久，由他设计的巴黎地铁入口使其名声大噪，此作品的造型融合了郁金香、漂动的海藻及蜿蜒的藤蔓等母题。他在巴黎建造的公寓大楼和城市别墅充分展现了他的创造才华，但也有许多人认为它们太丑了。身为曲线和不对称构图的倡导者，吉马尔为创造一个整体环境，耗费了大量的精力去设计从壁炉到仆人通道、从门房小屋到厨房的灶具等所有的细节。他也设计了大量的家具。

床头柜。桌面很矮，其线条与床头板一致。盖板很像风格化的蝴蝶翅膀，有时为不对称造型。合页门内通常是一个收纳格。门板下方为一到两层明格。腿部细短，且极度弯曲。

杰瑞登桌，和其他小桌拥有独特的"非理性"造型，即有机和非对称的形式。有些杰瑞登桌是纯装饰品。

角柜。这些家具采用了矮展示柜或托架桌的样式。几乎没有装饰，刻意做成不对称形式，腿为弯曲的短腿。有时门上的玻璃为染色玻璃。

花几。这些花几较高，以八字腿[明式家具称挓腿]、直腿或弯腿作支撑，不规则形状的台面设计是为了与花瓶相匹配。有时几腿下设一个装饰精美的矮基座。

女红桌。此类小家具通常有夸张的弯曲轮廓。桌腿显著内凹，腿间有一个小型搁板，搁板边缘有时装饰浅淡的线脚。桌面下方紧邻一个雕刻精美的裙板或者横枨。

防火屏。其椭圆形边框由弯曲的双重线脚构成，线脚从一条双足腿一直延续到另一条双足腿。在边框内是一个可抽出的活动屏板，以镶嵌装饰，或者较少的，以植物或动物母题的织毯装饰，此类装饰纹样多源于日本。

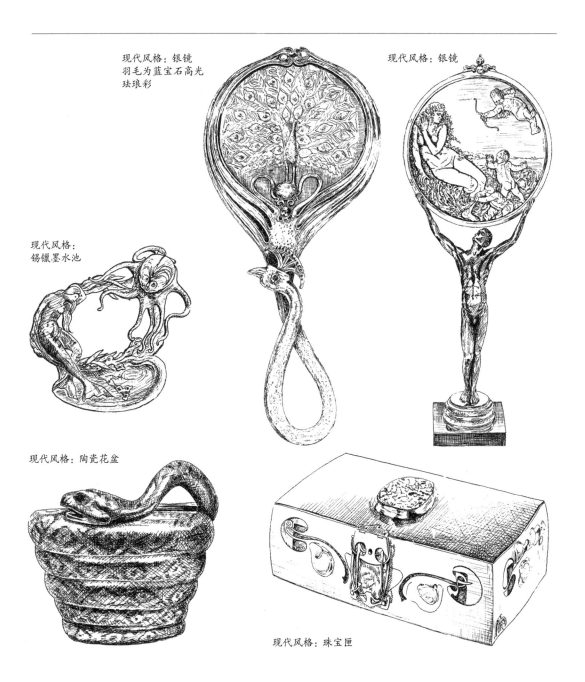

现代风格：银镜
羽毛为蓝宝石高光
珐琅彩

现代风格：银镜

现代风格：
锡镶墨水池

现代风格：陶瓷花盆

现代风格：珠宝匣

1918～1939　　# 1925 风格

经历了惨烈的第一次世界大战，放纵、无政府主义和骚乱遍布西方。引用一个先例，督政府时期被称为奇异社团的纨绔青年与法国 1920 年代假小子们性别颠倒的挑衅性有许多共同之处。在长期的危机之后，整个社会臣服于奢靡和放荡的诱惑是很正常的。贫困演变成了集体性的声色沉迷，在很长一段时间内扰乱了艺术、时尚、品味和道德观念。1925 年，巴黎装饰艺术博览会将这种风气推向了高潮，直到 1933 年前后才平静下来。当然，很显然，所取得的丰硕的智力和文化成果也格外引人注目。在这十几年里，西方世界发现了相对论（爱因斯坦）、原子结构的性质（约里奥－居里）、洲际航空（林德伯格）、青霉素（弗莱明）。普鲁斯特、乔伊斯、海明威和福克纳创作了开创性的文学作品。毕加索和马蒂斯给艺术带来了全新的维度。

在巴黎的穹顶咖啡厅和法兰西学术院之间，由一群匆忙的男人和狂热的女人形成的小圈子定下了时尚的基调。伴随着爵士和伦巴的背景音乐，作为舞者、演员、画家兼女装设计师的科克托（Cocteau）为其观众写下了暧昧的诗篇，他的名字至今仍被所有喜爱法国的人所熟知。这里有尼金斯基［波兰裔俄国芭蕾舞演员］和玛格丽特·莫雷诺［法国女星］、劳尔·杜飞（Raoul Dufy）［法国画家］、保罗·普瓦雷（Paul Poiret）［服装设计师］、可可·香奈儿（Coco Chanel）、科莱特（Colette）

［法国女作家］等人并肩同行。蒙泰朗（Henry de Montherlant）［法国剧作家］探索了体育运动。安德烈·布雷东（André Breton）统治了超现实主义。然而，在许多方面，此时法国的装饰艺术令人感到失望，其新奇显得有名而无实。一场伟大的革命即将改变国内的室内风格，事实上这种变革已经在德国和美国的建筑上体现出来了，而 1920 年代法国的注意力仍还集中在那些名流和丑闻上。这种风格在一些学校和鲜为人知的工作室里独立地发展起来，这些预言了当代风格的是反传统主义者，他们试图创造一个美好、温暖和奇幻的新世界。

与沃尔特·格罗皮乌斯（Walter Gropius）、马塞尔·布劳鲁伊尔（Marcel Breuer）和吉奥·蓬蒂（Gio Ponti）的作品相比，埃米尔－雅克·鲁尔曼（Émile-Jacques Ruhlmann）、朱勒·勒勒（Jules Leleu）和保罗·伊里博（Paul Iribe）的设计相去甚远。功能主义的倡导者对资产阶级和时尚艺术家几乎同样一无所知。他们的设计方向转移到了社会理论范畴，诸如家具的大规模生产计划和纯功利主义的目标。当然，也是他们奠定了当代家具的形式、线条和体量。他们的作品现在看起来仍然非常新颖，尽管装饰艺术风格的家具是悠久的历史传统的最美丽的、最终的后代，但是相比之下却依旧是过时的。

装饰艺术风格

这种风格缺乏统一性，是众多历史影响的综合体现。参加 1925 年展会的黑檀木器大师和装饰师们力图打破自路易·菲利普以来想象力匮乏的现状，复兴法国家具的伟大传统。但他们只是选择了路易十五和路易十六式作为范例，如鲁尔曼和伊里博；或者把王朝复辟时期的作品当作原型，如路易·苏（Louis Süe）和安德烈·格鲁（André Groult）。也有人试图整合所有前期曾仰慕的风格，如勒勒；或者模仿远东和西班牙式的样版，如阿尔芒-阿尔贝·拉托（Armand-Albert Rateau）。那个时代的思想和品味造就了他们。现代风格也培养了很多出色的工匠，依旧保持着他们的影响力。漫长的危机导致整个社会显现出一种华而不实的氛围，其装饰手法也难免有些艳俗，不过也的确很新潮。

黑非洲与美洲文明、高速的海洋航行和地中海的阳光，皆以各种方式成了黑檀木器师和装饰师的风格元素。这是一种畸形的风格，它集成了雷森奈尔（Riesener）式的精致和古源文化的回归，但这个时期给我们留下特有的印象是：它总是不能协调好旧传统与新思维的关系。也可能是它离我们太近了，让我们无法辨识其真容。

当然，如果我们将它与同时期出现的功能主义风格比较时，装饰艺术最引人注目的还是其华丽而丰富的装饰。它们是对立的两个极端，当代风格的源头，包豪斯极力去除所有的装饰；而装饰艺术风格则挖尽一切可用的装饰资源，并极尽所能地将其展示出来。镶嵌细工、镶嵌青铜饰件、锻铁、大漆、彩绘等，以这个时期喜欢的方式被毫无节制地使用。

金器、陶瓷、纺织品、织毯和玻璃器作为装饰的支撑，通常看似不经意、无目的的布置，实则起到衬托整体风格的作用，在这个短暂的时期内，装饰时尚的更迭速度十分惊人。1935 年，甚至在其替代品出现之前，装饰艺术风格就已经开始显得过时了。此时历史复兴的风格成为首选，尤其是帝国风格一直流行到 1950 年代。另一方面，现代风格的作品价格波动太大，很多买家更愿意选择稳健的投资，而这种变化无常的疑虑也削弱了设计师们的创新动力。

家具

在这个时期，家具还没有完全抛弃欧洲美好年代（Belle Époque）的弧线和曲线情趣。但也难免会受到立体派和抽象派画家，以及功能主义建筑师的影响，他们为几何体积赋予了新的意义。不同的信仰会导致家具的装饰偶尔出现不协调的状况。此时的最佳作品还是那些明确带有18世纪法国传统设计思想的家具。

材料与技术。装饰艺术风格以奢侈品市场为导向，喜欢昂贵的原材料，而几乎不考虑生产成本和零售价格。

木材。进口木材首选欧洲材。所有暗色木，尤其是黑檀和孟加锡黑檀皆深受喜爱。黑黄檀、黄色或紫色的印度紫檀以及桃花心木也很流行。

西克莫槭、柠檬木和郁金香木主要用于贴面和镶嵌细工；大漆木作也很常用。

金属。传统的装饰金属（镀金青铜、紫铜）被大量使用。银也有使用，尤其是使用于抽屉的拉手、锁板和脚套上。

铸铁备受青睐，它有时被用于桌子和托架桌的支座，也可制作书柜和餐具

材质
镀金青铜锁板和拉手

柜的窗格。不管是否涂漆，做工都极为细致。

皮革和纺织品。皮革（尤其是鞣革）慢慢成为座椅和长椅的常用面料。多为压花皮革，也用来制作书桌中心部位的书写面，甚至许多家具的锥形腿上也有皮革装饰。

● 盖鲁沙鲨鱼皮，曾经在18世纪末出现，此时再次兴起。毛皮，例如虎猫的皮毛有时被用于座椅和沙发床。

● 小马皮经常被用在靠背椅和扶手椅的座面和靠背上。

● 纺织品为形式和颜色的尝试带来了新机遇。像劳尔·杜飞这样的天才画家们设计了许多染织图案。奢华的丝绸也十分流行，刺绣品却消失了。与功能主义的趋势相反，技术试验被抛弃了；尽管当代画家对织毯很有兴趣，却未能体现在装饰艺术风格的家具中。

象牙很受欢迎，用作镶嵌细工、镶嵌装饰或者做成大型的象牙饰板。甚至被用来包套一些小型黑檀家具的锥形脚。

材料
压花皮革面板

镂刻镀金青铜拉手

铸铁防火屏

镀金青铜饰品

1925 年装饰艺术博览会

也称 25 年世博会，这个标新立异的展会所引发的对装饰的痴迷一直持续了两三年。不过，总的来说，这个展会获得的批评多于赞誉。曾经为这个展会做出过贡献的勒科尔比西耶（Le Corbusier）的评论指出，"它涵盖了从帽盒到巴黎、莫斯科和伦敦的总体规划等一切事物"，"为了讲述一个花蕾从伞柄到椅背的奇遇，人们建造了华丽的宫殿作为其展厅"。实际上，这个展会是一个矛盾趋势的十字路口，在这里，当代美学的大趋势被淹没在装饰艺术的热潮当中。只有俄国馆和奥地利展馆，以及一个由法国建筑师罗贝尔·马莱－史蒂文斯（Robert Mallet-Stevens）建造的展馆，显示出一些意义深远的新迹象，一些当代风格的设计师为其室内装饰做了很多努力。展会上，勒科尔比西耶的新精神馆的白石灰墙壁也引起了轰动。

事件抹掉事件，铭文覆盖铭文，这都是擦了
又写的历史。

——夏多布里昂［法国作家、政治家］

大理石取代木材成为桌面的首选材
料（托架桌、杰瑞登桌、矮桌），而且
常与铸铁并用。

装饰

水果

植物

花卉

矮桌

装饰

大多数装饰技术（镶嵌细工、镶嵌、
装饰板）皆有应用，只是木雕相对淡化
了。另一方面，出现了一些融入时代气
息的新型装饰母题。

立体主义和抽象艺术对家具的装饰
也产生了影响，体现在镶嵌细工或织毯
镶板、压花或烫花皮革，以及金属或象
牙镶嵌的几何母题和抽象造型中。

现代风格的传统装饰中充实了一些
取材于非洲的艺术元素，包括植物、花
卉或海洋（波浪）母题。曲线、对比色
以及贵重的或精细雕琢的材料（象牙和
银器；铸铁和青铜器物）皆格外流行。

桌

桌子由黑檀、黑黄檀、胡桃木，甚
至是桃花心木制成。座面为圆形、长方
形、椭圆形或者少见的方形等几何形状，
它们的轮廓简洁、外观轻盈。腿部素雅，
没有装饰，多为直腿和八字腿，偶带弯
曲。望板很宽，桌面有时嵌皮革桌面。

大型桌在这个时期设置了简单的横
枨，横枨中央充实了金属装饰母题。

托架桌有时设有复杂的铸铁桌腿和
望板，以及大理石桌面。另外，也有的

书桌

托架桌效仿 18 世纪的风格，用黑檀或黑黄檀制作。

矮桌非常流行；桌腿和望板通常为铸铁或金漆木制，并且有大理石桌面。

书桌

书桌逐渐变大。桌腿竖直或弯曲，没有横枨；桌面覆盖皮革或盖鲁沙（鲨鱼皮）；望板通常用暗色木材贴面制作。抽屉分列两侧，中部膝洞空间充足，抽屉面板有时用皮革包覆。桌面上不再设立格架或储物柜。桌面的装饰有限，有时为几何图案。锁板和拉手常带有复杂的修饰，由紫铜、青铜或银制。书桌用各种可能想到的珍稀木材制作，但是明显偏爱黑檀木。

书柜

尽管在办公室和书房里开放式书架和档案柜越来越普及，书柜却仍然迅速增加。多数书柜体型巨大，通常用黑黄檀或黑檀制成。形式为两件式，柜门以镶嵌细工或中央母题镶嵌装饰，不过偶尔也镶玻璃。底端设短腿，或直接以台坐落于地板上。

托架桌

大衣柜

装饰艺术风格的大衣柜通常选用华贵的材料（黑檀木、郁金香木），而且倾向采用复杂的装饰。基于路易十五

欧仁·盖拉德设计的书柜
（藏于巴黎装饰艺术博物馆）

保罗·福洛设计的
瘤纹胡桃木床

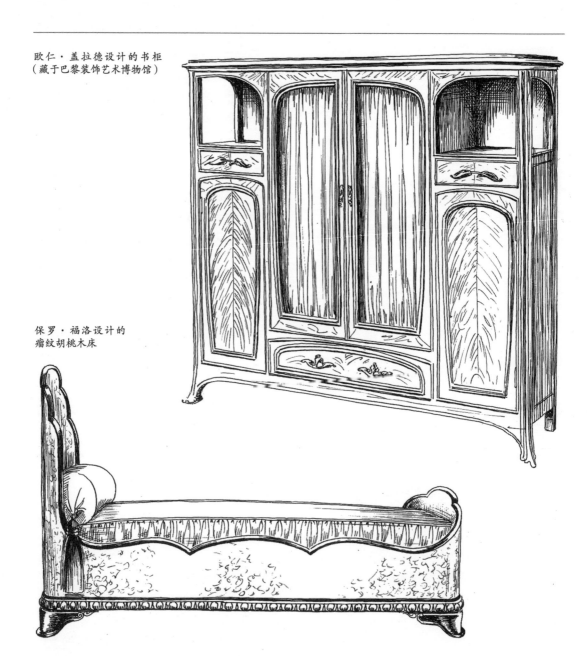

式或王朝复辟式的原型，衣柜上设立巨大的三角楣饰，三角楣的内部充斥着镶嵌细工、镀金青铜或银饰件；门板通常包皮革，或者以镶嵌细工或象牙镶嵌装饰，装饰区用明显的半圆形凸圆线脚框围。其边柱同样富于装饰。

大衣柜的内部也很精致：

- 上部设置各种尺寸的储物格和抽屉，后者有时以皮革包覆；门板的内壁表面装有大镜子。

- 下部常有一个大型抽屉。

穿衣镜

装饰艺术风格的穿衣镜经常兼作梳妆台使用。顶端细高的椭圆形镜框与家具的整体材料一致；两侧各有一个矮小的抽屉柜作为支撑，中间以一个搁板联接；抽屉柜的短腿为直腿或锥形腿。整体装饰非常光素，仅限于简单的镶嵌细工面板或雕花镜框。纯正的装饰艺术梳妆台也有制作，除了长腿以外，整体线条差异不大。

床

通常，装饰艺术风格的床，两侧端板高度不一，呈弧形或向外卷曲，无线脚修饰。床腿（纺锤形或螺旋形）有时包皮革。庞大的床体由黑檀、黑黄檀或瘤纹胡桃木制成（从未有过桃花心木）；床尾板拥有丰富的镶嵌细工、象牙镶

带穿衣镜的梳妆台

柯默德柜

软垫

织毯的价格骤降：其工艺质量出现滑坡，图案内容自 19 世纪中叶以来也没有太大的变化。尽管中期有劳尔·杜飞和卡皮耶洛（Cappiello）等艺术家对其产生过兴趣，它还是从室内装饰中消失了，有限的应用仅仅是包覆椅子和长椅。不过，软垫却十分流行，很多著名的艺术家，诸如杜飞、保罗·伊里博、为俄罗斯芭蕾舞团设计布景的莱昂·巴克斯特（Leon Bakst），以及服装设计师保罗·普瓦雷等都为其设计了刺绣图案，包括：小丑、金鱼、花卉、鹦鹉等。带有黑白方格、立体派构图和鲜艳的花束图案的坐垫也在迅速增加。它们被放置在长椅、床、长凳和皮革扶手椅上，有时也放在靠背椅上。

嵌、镀金青铜件或压花皮革装饰。

沙发床十分流行。沙发床没有端板，用毛皮床罩和丝绸软垫完全覆盖。

柯默德柜

装饰艺术风格的柯默德柜是那个时期最具吸引力的产品之一。在形式、尺寸和装饰方面，它们源自路易十六时期的原型，偶尔也模仿 19 世纪英国的样式。腿部倾向使用直腿，偶有外撇或弯曲形式；有两个或三个抽屉，其中顶部抽屉有时分作两个小抽屉。盖板轻微凸出，两侧边柱竖直，偶尔也有轻微的"鼓胀"。

其精致的装饰可为平面式（镶嵌细工、镶嵌、贴面），或者是浅浮雕式（镀金青铜或银饰件）。大漆木、郁金香木和黑檀木是此类家具的常用材。抽屉内部经常以皮革或其他织物作为内衬。

注：有些柯默德柜用平素的卷帘滑门取代了抽屉。

座椅

在 19 世纪后期，经历了一波持续的折中与复古风潮之后，座椅的形式更加广泛了。新设计的兴趣点主要集中在舒适性的最大化上，包括在靠背的高度、坐垫以及面料等方面都做了很多尝试，但都不太成功。

靠背椅。靠背倾向于低矮通透，有时甚至只有一个框，整个靠背完全是空的。坐垫并不局限在座框之内，且多用皮革包覆。椅腿极细，呈锥形腿、弯腿或八字腿形式。

装饰艺术时期靠背椅的装饰，如象牙、紫铜、青铜和螺钿有时略显累赘。但也有比较简洁的作品，它们多以橡木涂蜡制作，有藤编座面，直腿或弯腿以四或六条横枨加固；偶尔也采用地方式的造型，尤其以阿尔萨斯区和巴斯克区的样式最为明显，靠背的搭脑和中央竖板上雕刻了非常复杂的纹饰。

扶手椅。 不管其风格的来源，装饰艺术时期的扶手椅倾向于矮小而沉重。椅腿粗壮，有时为弯腿，有时为外挎的斜腿。总之，典型的特征为，明显向后倾斜的矮靠背，带有丰富的装饰（青铜饰件和线脚，外涂大漆）。

这个时期的很多扶手椅设置藤编座面，这种座椅很像花园椅，也有橡木涂蜡制成的框架。它们拥有宽阔平坦的扶手和镟木短腿。

通体软包的俱乐部椅也很流行。这种椅子源于英国样式，完全用皮革或毛皮包覆，座面硕大而略微后倾，附带宽厚的皮革坐垫。椅腿很短，靠背低矮后斜，扶手宽大浑圆。

长椅也进入了明显的增长期。大多数装饰艺术风格的实例带有明显的英国倾向：设有一体式的长坐垫、宽厚的扶手和明显向后倾斜的靠背。复古风格的长椅也在生产（路易十五式、英国摄政式、法国王朝复辟式），这些家具皆带有复杂的装饰。纺织面料通常会受到当代前卫绘画艺术的影响，体现为亮色或对比色（天蓝色、纯白色、黄色）的几何图案。

装饰艺术风格的凳，通常模仿英国摄政风格的造型，带有厚垫和极为精美的装饰。长腿和望板上有镶嵌细工或镶嵌设计。

1925 风格的缔造者　包括作家科克托、画家莫迪利亚尼（Modigliani）和皮卡比亚（Picabia），以及作曲家弗朗西斯·普朗（Francis Poulenc），还有许多女装设计师，特别是可可·香奈儿和保罗·普瓦雷，皆对装饰抱有浓厚的兴趣。科莱特在《Vogue》杂志的系列文章里，不厌其烦地记录了当时的流行趋势。受到这些名流的影响，在这一时期，黑檀木器大师的作品样式极多；因为每个人都使用了不同的手法，导致现在很难看出其风格的一致性。但是有三个家具师制作了具有代表性的重要作品，在这里应当被提及：

·雅克－埃米尔·鲁尔曼（1879~1933）是伟大的法国传统的继承人。他的家具做工极为精细、豪华而雅致，以纯净的线条著称。这些家具现在估值颇高。他奢侈地使用了大量的名贵木材、象牙、皮革和螺钿。

·保罗·伊里博（1883~1935）。尽管其主业是制图员，但他对许多艺术形式都很感兴趣，如电影、戏剧、金属雕刻、绘画等。他与普瓦雷、科克托还有作曲家乔治·奥里亚克（Georges Auric）私交甚好。他设计的作品拥有新古典主义的线条，但蜿蜒而沉重的装饰为其增添了一些现代风格的韵味。

·朱勒·勒勒的设计思想与鲁尔曼一致，但勒勒能接受更广泛的风格趋势。他的家具制作精良，装饰淡雅而朴素。他曾为几艘远洋邮轮做过内部装饰设计，包括诺曼底号。

椅子

乡村风格的靠背椅

带浮雕母题的靠背

带象牙镶嵌的靠背

扶手椅

俱乐部椅

莱俪克（Lalique）玻璃器

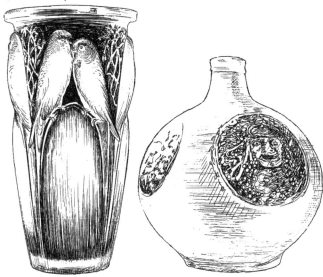

浮雕鹦鹉花瓶 　　　　磨砂玻璃瓶（装饰艺术博物馆）

雕花玻璃醒酒瓶

玻璃器

装饰艺术风格的玻璃器是对现代风格的延伸，只是去掉了多余的成分，而更加风格化，更少装饰。这个时期仍然致力于技术创新，杰出的人物有拉利克（Lalique）和多姆（Daum）。

乳白玻璃非常受欢迎，尤其略带浅蓝色或浅奶油色的作品备受人们的喜爱，粉色较少。

吹制玻璃器也很流行，特别是那些模仿远东的翡翠和青瓷的作品。

巴卡拉（Baccarat）和圣路易（Saint-Louis）玻璃厂生产了许多装饰艺术风格的珐琅彩水晶器：有盘子、小玻璃瓶和花瓶，甚至是雕花玻璃的整套餐具。

一些金器大师，如克里斯托夫勒（Christofle）采用珐琅彩和水晶制作了化妆品的容器。

用水晶、玻璃或雕花玻璃制作的装饰艺术花瓶非常厚重。若用玻璃材料则多为不透明的，并装饰了醒目的浮雕构图。水晶花瓶被切刻成几何造型，偶尔雕刻风格化的花卉或海马纹样。这个时期典型的花瓶尺寸较大，抛弃了前期的圆润，偏爱不规则形式或长方形。

装饰艺术风格的乳白玻璃**灯座**特别秀美，故而被大批量生产。

玻璃餐具。圣戈班（Saint-Gobain）和波尔蒂厄（Portieux）的玻璃厂生产了漂亮的高脚杯式的玻璃器。虽然在设计上很简单，有时候完全不施装饰，但玻璃又厚又重。

醒酒瓶皆配有瓶塞装饰，通常带大肚或者非常高。

陶瓷

尽管很多独立的陶艺师，如多姆、勒诺布勒（Lenoble）、拉夏尔夏（Lacherche），塞尔（Serré）所创作的作品具有相当大的差异，但塞夫勒和利摩日（Limoges）的工厂还是步入了衰落期。陶艺师对乡村陶艺和本土手工艺传统产生了新的兴趣，如吕纳维尔（Lunéville）、坎佩尔（Quimper）、蒙特罗（Montereau）和安古莱姆（Angoulême）等小镇的陶器，诸多佳品都是使用皂石和皂石上釉制作的。

收藏家开发了爱国主义母题和格言的新趣味：带有如"我们会！""敌人的耳朵在听！"一类警句的浅盘和盘子在战争期间明显增多。

材料。无论他们使用什么材料和烧制方法，陶艺家们试图塑造出一种古老的、原始主义的效果。这个时期的装饰用瓷倾向于厚重，带有粗糙的表面。同样，陶器的质地通常也很粗糙，瓷釉浓厚。

颜色。此时有三种普遍的趋势应给予重视：

• 偏爱土色系（棕色、米色、褐色），经常巧妙地组合使用；

• 偏爱亮色或对比色系（白色、天蓝色、深红色、绿色、黑色）；

• 仅流行于餐具的纯白色，没有任何装饰。

造型。变得很简单。盘子和盛器倾向于做成长方形，对曲线的突出已经过时。花瓶往往故意做成笨拙的形态。

金属器

与同期的所有豪华工艺品一样，银器加工也非常兴盛。其工艺和形式皆有创新，包括比例、体积和纹样方面的尝试，其中餐具造型的简化最为明显。装饰不像前期那么重要了，一般用于强调曲线或轮廓，或者用于衬托中心主题。比较常见的情况仅包含几个涡卷饰、嵌条、阿拉伯卷须饰、卷须饰或者少见的圆徽饰。

餐具上经常装饰象牙、螺钿或半宝石：如青金石、缟玛瑙、碧石、玛瑙等。甚至进口的木材和玳瑁偶尔也会用在浅盘上。这个时期最精湛的作品出自让·皮福尔卡（Jean Puiforçat）和热拉尔·桑多（Gérard Sandoz）之手。

锻铁和铸铁

铁艺满血复活，表现在各类建筑应用（门、格栅、三角楣、窗框、玫瑰窗）和室内装饰中。

铸铁被大量用来制作暖气，如叙布（Subes）的作品，富于精致的装饰，是真正的艺术品。铸铁也被广泛用于制作灯具（壁灯、台灯、枝形烛台）、小家具以及门厅和会客室之间的内部隔断。这个时期的许多铁艺师回避工业化的生产工序（如冲压、气焊）而更爱铁锤，使它们的作品显现出诱人的古风。

陶瓷

彩釉陶瓶

炻碗

银器

象牙柄执壶

带螺钿镶嵌的银边珍木托盘

压花银制药盒（昆庭）[法国奢侈品品牌 Christofle]

让·皮福尔卡设计的大汤碗

热拉尔设计的黑檀把手银制茶壶

法文、中文家具名称对照表

法 文	中 文
armoire	大衣柜
armoire à deux corps et à deux portes	两件柜，也叫餐具柜
armoire à deux portes	双门柜
armoire carrée	方柜
armoire droit	直柜
athénienne	雅典桌
baigneuse	沐浴椅
banquette, forme	长凳
barbiére	修面桌
basculante	折叠桌，靠边站
bas d' armoire, hauteur d' appui	矮柜
basset	猎犬凳
bergère	贝尔杰尔椅，封闭式扶手的扶手椅
bergère à oreille	翼背贝尔杰尔椅
bergère en confessional	忏悔椅式贝尔杰尔椅
bergère en gondole	贡多拉式贝尔杰尔椅
bergère ponteuse, voyelle	观牌椅
bibliothèque	书柜
bonheur–du–jour	幸福时光桌，女士桌
bonnetière	单门立柜
borne	椅岛
bouillotte table	布亚特纸牌桌
Boulle armoire	布勒柜
buffet	餐具柜

（续表）

法　文	中　文
buffet à deux corps	两件式餐具柜
buffets–vaisselier	瓷器柜
bureau	书桌
bureau à capucin, bureau à La bourgogne	嘉布遣会桌，勃艮第桌
bureau à cylindre	卷筒标罗
bureau dos d'âne	驴背标罗，斜面书桌
bureau Mazarin	马萨林桌
bureau plat	平板写字台
cabinet	橱柜、门柜
cabinet à écrire	柜桌
cabriolet armchair	轻型马车椅
canapé	卡纳菲，长椅
canapé d'alcôve	凹室卡纳菲椅，凹室长椅
canapé en chapeau de gendarme	警帽形卡纳菲椅
canapé en haricot	芸豆形卡纳菲椅
caquetoire	聊天椅
cartibulum	卡特布伦桌
cartonnier	档案柜
causeuse	闲谈椅
chaire à bras	讲坛椅
chaire basse	矮讲坛椅，也叫裙撑椅
chaise	靠背椅
chaise《bambou》	竹节椅
chaise《corde》	绳结椅

（续表）

法　文	中　文
chaise à capitons	软垫椅
chaise à dossier médaillon	圆徽椅
chaise à haut dossier	高背椅
chaise à la reine	王后椅，直背椅
chaise à vertugadin	裙撑椅
chaise charivari	喧闹椅
chaise chinoise	中式椅
chaise de bureau	写字椅
chaise en paille, capucine	草盘椅
chaise lounge	扶手躺椅
chaises d'affaires, chaises percées	坐便椅
chauffeuse	炉边椅
chiffonier	施芬尼柜
chiffonniére	施芬奈尔桌
coffre	箱柜
coiffeuse de accouchée	产妇梳妆台
coiffeuse, poudreuse	梳妆台
commode	柯默德柜
commode à la régence	摄政式柯默德柜
commode à porte, commode à vantaux, commode l'anglaise	门式柯默德柜，英式柯默德柜
commode en arbalète	弓形柯默德柜
commode servante	佐餐柯默德柜、女仆柯默德柜
commodes à coins arrondis	圆角柯默德柜
commodes de religieuse	修女柯默德柜

（续表）

法　文	中　文
commodes en console	托架形柯默德柜
commodes en tombeau	凸肚形柯默德柜
confessional fauteuil	忏悔椅
confident	知己椅
console	托架桌
console d'applique	壁桌
crapaud	蟾蜍椅
demi-lune commode	月牙柯默德柜，半圆柯默德柜的别称
demi-lune table	月牙桌
dessert buffet	甜点柜
divan	沙发床
dormeuse	安眠椅
dressoire	餐边柜
duchesse	公爵夫人椅
duchesse brisée	组合式公爵夫人椅
duchesse en bateau	船形公爵夫人椅
écran pupitre	屏风桌
encoigure, ancognure, coignade	角柜
escabelle	板凳
fauteuil	佛提尤椅，开放式扶手椅
fauteuil à haut dossier	高背扶手椅
fauteuil club	俱乐部椅
fauteuil de cabinet, fauteuil de bureau	读书椅
fauteuil de commodité	舒适椅

（续表）

法　文	中　文
fauteuil de paille	草盘佛提尤椅
fauteuil Voltaire	伏尔泰椅
fauteuile à coiffer	理发椅
guéridon	杰瑞登桌
indiscret	回旋椅
jardinière	花几
lavabo	脸盆架
lit	床
lit à duchesse	公爵夫人床
lit à la anglaise	英式床，路易十六土耳其床的别称
lit à la chinoise	中式床
lit à la française	法式床
lit à la militaire	行军床
lit à la polonaise	波兰床
lit à la romaine	罗马床
lit à la turque	土耳其床
lit à quenouille	羽冠床
lit bateau	船形床
lit d'ange	天使床
lit de alcôve, lit de travers	凹室床
lit de repos	午休床
lit en chaire à prêcher	布道椅式床
lit en tombeau	墓形床
lit nacelle	舟形床

（续表）

法　文	中　文
marquise	侯爵夫人椅
méridienne	子午床
ottomane	土耳其式长椅
paphose	醉酒椅
ployant	折叠凳
pouf	软包凳
rafraichissoir	冰酒桌
scribane	荷兰秘书柜
secrétaire à abattant, secrétaire en armoire	翻板秘书柜，大衣柜式秘书柜
secrétaire à archives	档案柜
secrétaire–commode	秘书柜
semainier	星期柜
semicircular commode	半圆柯默德柜
sopha	沙发
table à jeu	游戏桌
table à la anglaise	英式桌
table à ouvrage	女红桌
table à ouvrage–liseuse	工作烛台桌
table brisée	落叶桌
table carrée	方桌
table de accouchée	产妇桌
table de brelan	布勒朗桌，五人游戏桌
table de chevet	床头桌
table de nuit	夜桌，床头柜

（续表）

法　文	中　文
table de salle à manger	餐桌
table de toilette	梳妆台，洗漱台
table de trictrac	棋盘桌
table en haricot, table en rognon	芸豆桌，腰子形桌
table servante	佐餐桌、餐边桌、女仆桌
table tambour	鼓桌
table tréteaux	支架桌
table volante	飞桌
tables à écrire	写字桌
table en écritoire	文具桌
table gigognes	套桌
tabouret	凳
torchére	烛台几
tricoteuse	针线桌，缝纫桌
Tronchin table	特龙金桌
turquoise	绿松石床
veilleuse	守夜人长椅
vide–poche	收纳桌
vis–à–vis	面对面椅，知己椅
vitrine	玻璃展示柜